面白くて眠れなくなる素粒子

竹内薫
KAORU TAKEUCHI

PHP

面白くて眠れなくなる素粒子

カバーデザイン　高柳雅人
カバーイラスト　山下以登

はじめに

ヒッグス粒子発見のニュースが世界を駆け巡っています。

私は二十年以上もサイエンス作家として本を書き続けてきましたが、百数十冊の著書のうち、正面から素粒子を扱ったものは、この本を含めて数冊しかありません。大学院で素粒子と宇宙を専攻していたのに、いったいどうしたことでしょう（笑）。

素粒子物理学は純粋科学の最たるもので、ほとんど応用に結びつかず、お金儲けにもなりません。

なぜ今、突如としてヒッグス粒子が話題になっているのでしょう？

実は、ヒッグス粒子は「世界の重さの素《もと》」になっている素粒子なので、もし存在しないとなったら、われわれの体重の起源が説明できなくなってしまうんです。そういう意味で、ヒッグス粒子は、わりと身近な素粒子なのかもしれません。

また、電子やクォークと違って、ピーター・ウェア・ヒッグスさんという物理学者の名前が付いているのも、親しみが湧く一因かもしれません。実際、一七種類ある素粒子のうち、人名が付いているのは、ヒッグス粒子だけなのです。

ヒッグスさんは好々爺《こうこうや》というにふさわしい風貌で、ニュース映像が流れても、お茶の間のウケがいいようです。日の目を見ない素粒子を人気者にしてくれて、ありがとう、ヒッグスさん！

今回、前作『怖くて眠れなくなる科学』の続編として、編集の田畑さんから素粒子本の注文が舞い込みました。私は「素粒子は昔から人気がないからやめておけ」と忠告したのですが、前作の評判がよかったから、読者が楽しみにしているといわれ、それならがんばって書いてみようかしらと思い直しました。

ただ、素粒子が難しいのは事実であり、それを変えることはできません。難しい数学と難しい実験がからみあった素粒子物理学をどうひもとけば、読者に受け入れてもらえるのか。

いろいろ悩んだあげく、素粒子物理学者という人種の話や、増大し続ける素粒子物理学の論文の山に埋もれた「奇妙な仮説」などに光を当てて、これまでとは一味違う素粒子の世界をご紹介することにしました。

たとえば、「はじめに言葉ありき」という聖書の文句をそのまま数式にして素粒子の論文を書いた物理学者とか、現在の素粒子をさらに分解した「模型」を追究している物理学者など、ほとんどSFのような独自世界を構築している物理学者もいます。彼らは、実験とは縁もゆかりもないけれど、それでも立派な素粒子物理学者です。

そもそも人間が「想像」できたものは、百年くらいたつと現実になることが多い。逆にいえば、誰も想像したことがなければ、それは絶対に現実化しないのです。

素粒子物理学者の突飛とも思われる想像力は、やがて、新しい素粒子だけでなく、新しい宇宙への扉を開くかもしれません（超ひも理論のお話です）。

また、素粒子の「反対」である反物質を量産する方法が見つかれば、物質と反応させて、莫大なエネルギーを手に入れることも可能です。そうなれば、日本のエネルギー不足もあっという間に解消される（かも）。

素粒子物理学について知ることは、未来について知ることなのです。

それではいざ、素晴らしき素粒子どもの世界へ！

二〇一三年　初春　竹内薫

目次

Part 2

ヒッグス粒子と超ひも理論のはなし

Part 3

時空と宇宙創世のはなし

編集協力：神保幸恵
本文デザイン＆イラスト：宇田川由美子

Part 1

面白くて眠れなくなる素粒子

ヒッグス粒子は〝粒〟じゃない!

物質は何でできているのか

物質は何でできているのか――。

人類の長年にわたるこの疑問は、現代においても解決するばかりか、新たなる疑問が次々と生じています。

古代ギリシアの哲学者デモクリトス(紀元前四六〇頃～紀元前三七〇頃)は、「原子」の存在を予想しました。その答えを見つけたのは、フランスの物理学者ジャン・ペラン(一八七〇～一九四二)です。

さらに、原子よりももっと小さなものがあると予想したのが、日本の物理学者長岡半太郎、ニュージーランドの物理学者アーネスト・ラザフォードらです。

長岡半太郎
（一八六五～一九五〇）

アーネスト・ラザフォード
（一八七一～一九三七）

身の回りにある「物質」を細かく分けていくと、まず「分子」が見えてきます。さらに細かく分けると「原子」になります。こうしてどんどん細かく分けていき、「これ以上、細かく分けられない」という最小単位となるのが「素粒子」です。

原子は、真ん中にある「原子核」と、その周りを回る「電子」で構成されています。電子はこれ以上、細かく分けることができない「素粒子」です。

原子核を細かく分けると、プラスの電気を帯びている「陽子」と、電気を帯びていない「中性子」とに分かれます。

陽子と中性子はさらに「クォーク」という素粒子三個でできています。陽子には「アップクォーク二個とダウンクォーク一個」、中性子には「アップクォーク一個とダウンクォーク二個」。これらは固く結びついていて、一つ一つを取り出して見ることはできません。

◆物質の構成

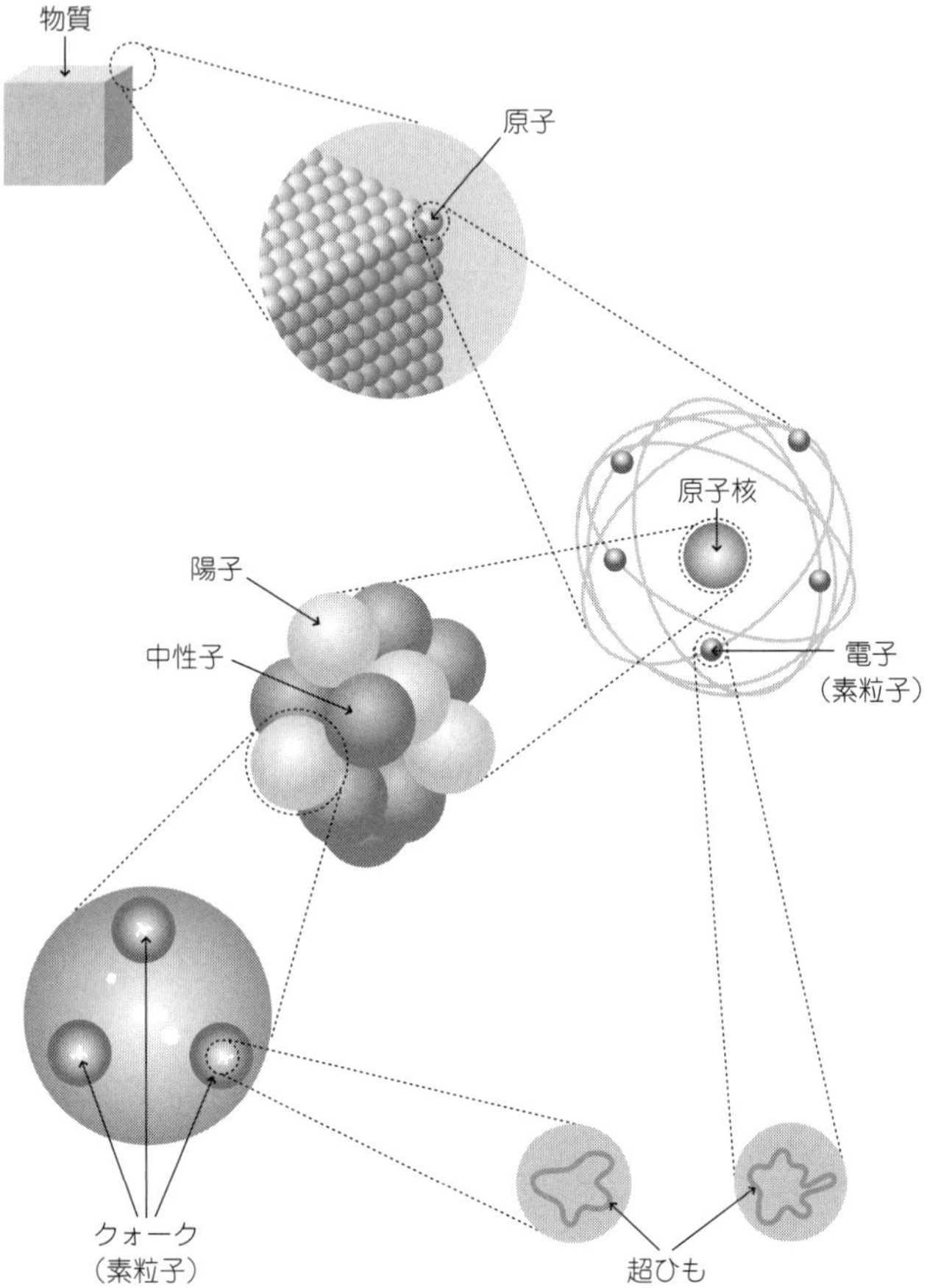

※「超ひも」については次章参照。

「予想」から「実験」、そして「発見」へ

クォークは、こうした三個の組み合わせだけではなく、二個の組み合わせで粒子をつくることもあります。

湯川秀樹は、一九三五年に「パイ中間子」（六九頁）という粒子の存在を予想しました。そして一九四七年、イギリスの物理学者セシル・フランク・パウエル（一九〇三～一九六九）らの実験によってその予想が証明され、湯川秀樹博士は一九四九年に日本人初のノーベル賞を受賞しました。

湯川秀樹
（一九〇七～一九八一）

現在では、六種類の「クォーク」が存在するとされていますが、当初、クォークは「アップクォーク」「ダウンクォーク」「ストレンジクォーク」の三種類しか見つかっていませんでした。

一九七三年、益川敏英（一九四〇～）と小林誠（一九四四～）によって、「クォー

クは〝アップ、ダウン〟〝チャーム、ストレンジ〟〝トップ、ボトム〟の三世代六種類が存在する」という予想が発表されます。これが『小林・益川理論』です。

一九九五年までにこの予想は証明され、これによりノーベル賞受賞となりました(二〇〇八年)。このように、物理の世界はまず「予想」が立てられてから「実験」が行なわれ、その正しさが証明されてから「発見」となるのです。

そして、現在――。

物理の世界では「ヒッグス粒子」という素粒子の存在が「予想」されており、ついには「発見」されようとしています。

ヒッグス粒子は「素粒子に質量を与える」と予想されています。詳しくは後ほどご説明しますが、質量がなければ私たちは存在することができません。それゆえ、ヒッグス粒子は「神の粒子」とも呼ばれています。

素粒子物理学の理論は、素粒子の質量はゼロでなければ計算がうまくいかなかったのですが、実際の素粒子には質量があります。

このままでは、今までの理論に矛盾が生じてしまう。新たな理論をつくり出さなければいけない！

世界中の物理学者が頭を悩ませていたのです。

そんな中、イギリスの物理学者ピーター・ウェア・ヒッグス（一九二九〜）は、一九六四年に「質量を与える素粒子があるのではないか」と、未知の素粒子の存在を予想しました。

それが「ヒッグス粒子」です。

「ヒッグス粒子」の存在が証明されれば、今までの理論を生かしながら、すべてを矛盾なく説明できる。――物理学界は騒然となりました。「ヒッグス粒子の発見」に向けて、世界中の物理学者が動き始めたのです。

質量はヒッグス場との相互作用

そもそもヒッグス粒子は「粒」ではありません。ヒッグス場《ば》という「場《ば》」が宇宙全体に一様に満たされているのです。ですから、ヒッグス粒子をきちんと理解するには「場」の概念が必要です。「場」については、後ほど詳しくご説明します（八四頁）。

場は、どんな働きをしているのでしょうか。

◆素粒子はヒッグス場から影響を受ける

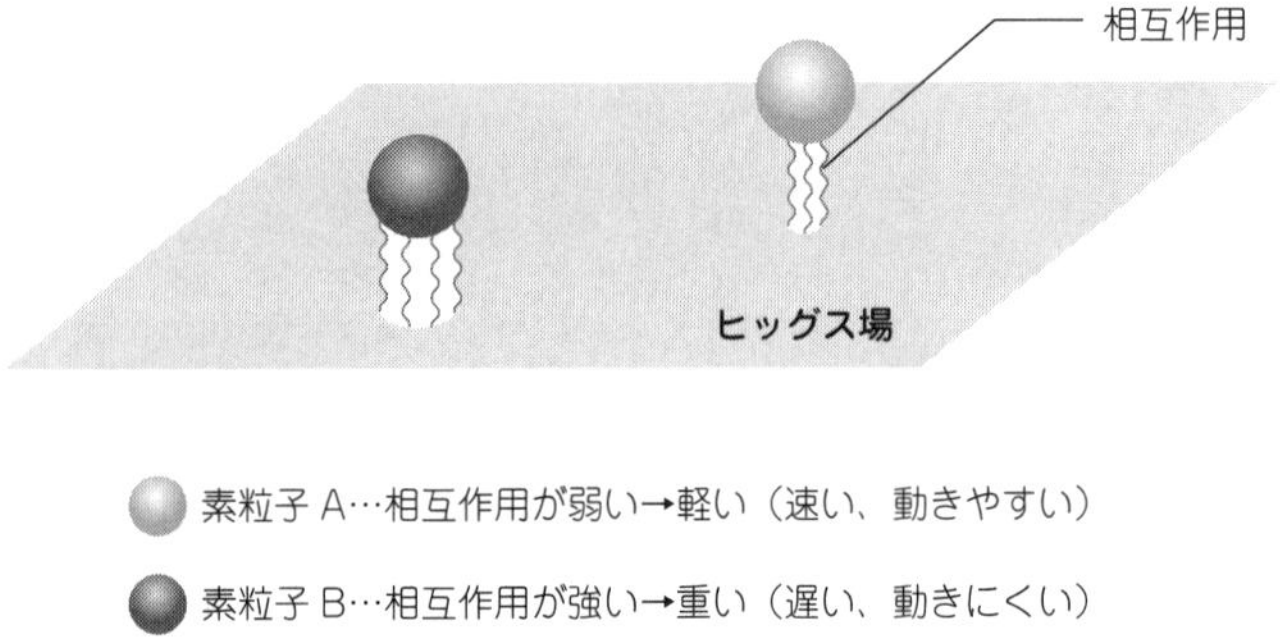

先ほど「ヒッグス粒子は素粒子に質量を与える」と述べましたが、正しくは「素粒子はヒッグス場から影響を受ける」ということで、その影響を「相互作用」といいます。

相互作用の強弱で、素粒子の挙動が変わります。そして、この素粒子の挙動が質量なのです。つまり、相互作用が弱いというのは「軽い（速い、動きやすい）」ということ。相互作用が強いというのは「重い（遅い、動きにくい）」ということです。

本当のことをいうと、ヒッグス粒子がウジャウジャあるのではなく、ヒッグス場がウジャウジャあるんです。

ちなみに、ヒッグス場は、水のようなイ

メージです。静かな水面のようになっており、そこを歩くと抵抗を感じる。つまり、「場」の抵抗を感じているわけです。もっと正確にいうと、抵抗を感じるということは、その場と私たちが何らかの相互作用をしているということです。

ヒッグス粒子の見つけ方

ヒッグス粒子（場）をどうやって見つけるか。その方法はこうです。

まず、空間のある一点にエネルギーを集中させます。すると、その空間のヒッグス場がピョコッと盛り上がります。その隆起した状態を「ヒッグス粒子」といっているのです。この状態をとらえられれば、ヒッグス場の存在を証明できたことになります。

ただ、問題がいくつかあります。

一つ目の問題は、どの程度のエネルギーでヒッグス場が生じるかがわからないこと。エネルギーを集中させるには、加速器と呼ばれる機械で陽子と陽子（以前の研究では陽子と陽電子）を衝突させますが、どのくらいのエネルギーでぶつけると効果があるのかはわかりませんでした。

当初、「CERN《セルン》（欧州原子核研究機構）」では、「LEP《レップ》（Large Electron-Positron

Collider)」という円形加速器を使って、少しずつエネルギーを上げて調べていったのですが、とうとう見つかりませんでした。そこで「LHC（Large Hadron Collider）」という大型加速器に変えて、さらに高いエネルギーをつくれるようにしたのです。

二つ目の問題は、ヒッグス場の消失する速さです。ヒッグス場は一兆分の一秒以下で消えてしまいます。そこで、「ヒッグス粒子」そのものではなく、衝突によって生じる素粒子の「破片」から「ヒッグス粒子」の存在を明らかにしようとしました。

ヒッグス粒子は衝突後、たとえばボトムクォークに姿を変えます。ただし、ヒッグス粒子由来以外のボトムクォークも、同時に大量発生します。ヒッグス粒子由来のボトムクォークは全体の一億分の一程度と少ないため、大変に探しにくいのです。

そこで、「光子」を測定する方法に変えました。ヒッグス粒子由来の光子は、全体の光子の中の十分の一と、ボトムクォークよりも見つけやすいのです。

こうして試行錯誤を繰り返しながら、一二六GeV（ギガエレクトロンボルト）のときに、光子の量がわずかに増えるということがわかりました。これがヒッグス粒子によるものなのか⁉

現在、ヒッグス場の存在が徐々に明らかになりつつあります。そんな世紀の大発見

◆ヒッグス粒子は一二六 GeV のあたりで見つかる？

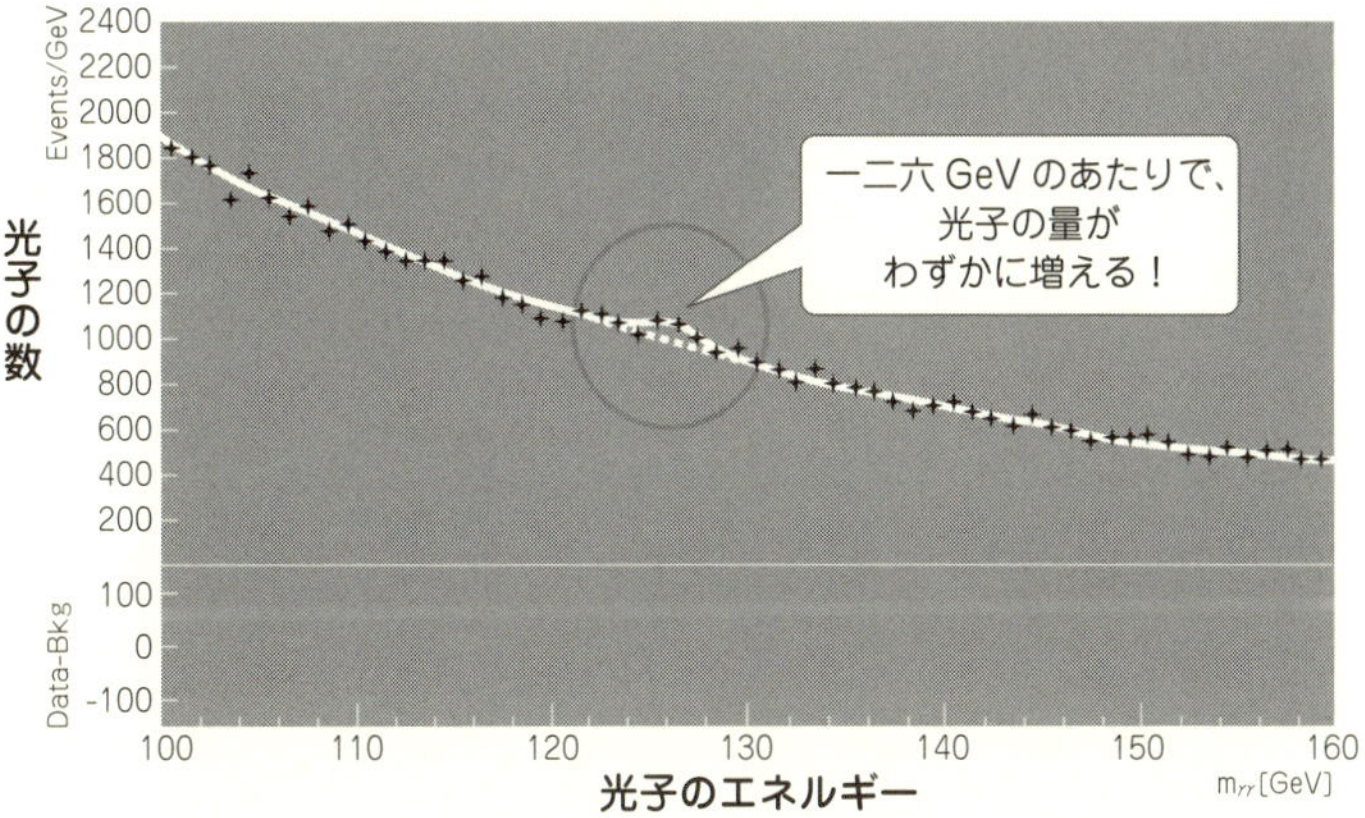

【参照】アトラス実験ホームページ
http://www.atlas.ch/news/2012/latest-results-from-higgs-search.html

の瞬間にわれわれは立ち会っているのです。
それではまず、この章では「素粒子研究とは何か」についてお話ししましょう。

「素粒子研究」ってどのようなもの？

物理学者ってどんな人たち？

素粒子の具体的な話を始める前に、「物理学者はいったい何を研究しているのか」ということをご紹介しようと思います。

「物理学者」というと、一般的には「とても難しいことをやっている人」というイメージがあると思いますが、実は物理学者には様々な役割分担があります。大きく分けると「理論物理学者」と「実験物理学者」という、二つの〈種族〉があると思ってください。

得てして、違う種族というのは仲が悪いわけですが、理論物理学者と実験物理学者も仲が悪い。多くの人たちは「物理学者」をひとくくりに考えていますが、実際、物理学者のサークルの中では、完全な棲み分けができているのです。

一方は、数学に強くて難しい数式をどんどん黒板に書いていく「理論物理学者」。

もう一方は、数字や数式は苦手だけれど、ラジオを分解したりハンダ付けしたりするのが得意で、様々な実験を行なう「実験物理学者」。

彼らは自分たちのことを「理論屋」「実験屋」という名前で呼びます。

これは一種の隠語ですね。

さげすんでいるわけではなく「俺は理論屋だから」というと、実験が得意ではなくても許されるし、「俺は実験屋だから」というと「難しい数式は知らなくてもいい」というような一種の免罪符がある。

そのため、学会で実験物理学者の人と数学の話になると「ごめん、俺は実験屋だからわからない」などと平気でいいます。

逆に実験の話をすると、理論物理の人は「俺は理論屋だからあまり興味ないね」という感じになります。非常に面白いですね。

物理ジョーク①　理論屋パウリの「パウリ効果」

理論屋と実験屋の性格を表す話で、面白いジョークがあります。

物理学界の人たちがよく笑うジョークの一つが「パウリ効果」です。

ヴォルフガング・パウリ
（一九〇〇～一九五八）

スイスの理論物理学者ヴォルフガング・パウリは、超秀才として有名な研究者で、若くして教授になり、ニュートリノという素粒子（四九頁）を理論的に予言するなど、大活躍をした人です。

パウリは、素粒子物理学者で理論屋です。完全な理論屋なので、実験なんてほとんどやらなかった。優秀なので、学生時代は実験ができなくてもなんとか許されたのでしょう。

ただし、あまりにも実験ができないので、パウリが近くを通ると、実験装置が壊れるという都市伝説がありました。

あるとき、ヨーロッパの実験施設で実験装置が壊れてしまった。「なんだ、またパウリ先生が廊下を歩いてるんじゃないの？」という話になってパウリを探したんだけれど、彼は不在。

「変だね。パウリ先生がいなくても、実験装置は壊れるんだ」と話していたら、「実験装置が壊れた時間に、ちょうどパウリ先生が施設の近くを電車で通過していた」という事実が後日判明した。そんなまことしやかな話があるんです。

伝説的な実験嫌いの理論屋としてパウリは有名ですが、このパウリ効果は困ったものですね（笑）。

物理ジョーク②　物理学者は「シンプル・イズ・ベスト」が好き

次のようなジョークもあります。

素粒子の一つに「ミューオン」という素粒子があります（五〇頁）。「ミューオン」は「重い電子」です。電子とまったく同じ性質を持っているのだけれど重い。電子の約二〇〇倍の重さがあります。

物理学者は、基本的にシンプルな理論を好みます。あまりに複雑怪奇だと理論として美しくないし、実用性も低いからです。だから、単純明快な理論により多くのことが説明されると、とても美しい理論ということになる。

そうすると、「素粒子は何百種類もあります」というよりも、素粒子の数自体はなるべく少ない方がいい。究極をいえば、一種類が好まれるでしょう。

「素粒子は一個しかない。すべてがその一種類の組み合わせでできている」というのが理想です。ただ、それはなかなか達成できていなくて、現在のところ一七種類の素粒子があるわけです。

その一七種類のうちの一種類――「ミューオン」が発見されました。

そのとき、ある物理学者は「誰がこんなものを注文したんだ」と、吐き捨てるようにいったそうです。

まるで、レストランでのオーダーミスのような反応ですね。新たな素粒子の発見によりその数が増えてしまい、理論が美しくなくなる。そういう気持ちです。

一種のジョークといえばジョークです。

自然界にはミューオンがあったわけだから、しょうがないじゃないですか。しかし、物理学者にとっては、自分たちの妄想体系が自然界で実現されている方がいい。「ミューオン」なんていう素粒子は、理論上では存在しない方が都合がいい。単純な話です。

しかも、まったく異なる性質の素粒子が出てきたら、新粒子発見ということになり盛り上がりますが、ミューオンは単なる電子です。電子だけれど重いだけ。

「美しい理論を乱す、余計なものが来た」という気持ちが込められていて、物理学者の気質をよく表しているジョークだと思います。

物理の世界の「なんでも屋」

そして、もう一つ。科学の世界でもいわば「なんでも屋」とでもいうような役割があります。これはどの世界でもそうですが、両方の世界の通訳のような役割を果たす人ですね。それが「現象論」という分野です。

「現象論」と聞くと難しそうですが、つまりは「現象を分析する仕事」です。「現象論」の研究者は、実験前に「こういう実験をしたら、こうなるだろう」というように理論的に計算するんです。

「じゃあ理論屋じゃないの?」と思われる方もいるかもしれませんが、コアな「理論屋」は、やはり自己主張が強い人が多くて、その人独自の理論体系があり、その理論体系を数学として矛盾のない形で論文に仕立てます。

そして、物理学界に「これが俺の理論だ。世界はこういう構造で、宇宙はこのようにできているのだゾ」と宣言する。だから、ちまちました実験の計画や分析というような縁の下の力持ち的な仕事をやりたくない。一種の目立ちたがり屋さんの集団です。

次章でご紹介する「超ひも理論」などの研究者は、「俺は世界の最先端の数学を駆使して、この宇宙の究極の構造を解き明かそうとしている」という自負があります。

でも、そういう人々は、コアな実験屋からすると「あの連中は物理学者じゃない」ということにもなりかねない。

「あの連中は数学しかやっていない」

「実験と一切関わりのない人々だから、現実世界と関係ないよね〜」などと揶揄《やゆ》されます。彼らにとって「現実世界と関係ないこと」というのは「数学」です。

そうなると「分野が違うと話が通じない」ということになる。理論屋と物理屋の間で話が通じないので、その縁を取り持つ——といったらおかしいですが、理論屋が持っている数学的な武器を使いつつ、実験屋が実際にこの機械（実験機器）をつくって、理論が正しいかどうかを判定できるようにお手伝いをする。これが「現象論」の研究者です。縁の下の力持ちといってもいいでしょう。

ノーベル物理学賞は、毎年最大三名が受賞しますね。

日本の受賞者は、湯川秀樹さん（一九四九年）から始まり、朝永振一郎さん（一九六五年）、最新では南部陽一郎さん（受賞時は米国籍）、それから、小林誠さんと益川敏英さん（三人ともに二〇〇八年）などがいらっしゃいます。

日本人もノーベル物理学賞を数多く受賞していますが、現象論の人は、基本的にノーベル物理学賞をもらえません。

受賞に至るまでの経緯を考えてみましょう。まずは「発見をした！」と、理論屋が自分の理論を大々的に掲げます。たとえば、小林さんと益川さんの場合であれば、「クォークというのは三種類や四種類では足りない。六種類ないと矛盾が生じる」ということを論文に書くわけです（これがノーベル賞を受賞した『小林・益川理論』ですね）。

それから数十年後に、実験屋がそれを実験で証明する。そうすると、多くの場合は、数十年前に理論を掲げた「理論屋」がノーベル賞を取ります。場合によっては、同時あるいは少し遅れて、その実験の元締め、つまりボスが受賞します。

「理論」の人がまずは優先です。というのは、そもそも理論を確かめるための実験なので、理論がなければその実験はできないからです。

そこで、まずは理論屋がもらう。それから実験屋。実験屋は何百人単位で実験をしています。そうすると、何百人一斉にノーベル賞を出すことはできないので、たいていはプロジェクトマネジャーやプロジェクト全体の大ボスが受賞するわけです。

それを現在では「ビッグサイエンス（大きな科学）」と呼んでいます。巨大な実験機器や実験装置を使い、大人数の研究者を雇い、莫大な予算をかけて実験をするからです。

ヨーロッパのスイスとフランスの国境沿いにあるＣＥＲＮには、加速器がありま す。そこでは、「素粒子を光の速度近くまで加速して、ぶつけて、新しい別の素粒子に生まれ変わらせる」という実験を行なっています。

ＣＥＲＮの実験装置や施設の大きさは、だいたい東京の山手線と同じぐらい（全周二七キロメートルほど）。とてつもなくデカい。

それだけ大きいものをつくるとなると、一〇〇〇億円規模でお金が必要になります。この金額は、もはや国家プロジェクトとしても持ちこたえられないので、各国がお金を出しあって国際協力で行ないます。ちなみに、ＣＥＲＮの実験には日本も一〇〇億円以上を拠出しています。

また、フランスは、自分の国に実験装置をつくると雇用が創出されることもあり、国が多額の補助金を出すという制度もあります。そういう時代になっているんです。

さて、ノーベル物理学賞をもらえるのは、理論屋か実験屋ということでした。ただ、これは皮肉といえば皮肉ですが、その間を取り持つ「現象論」の人々がいなければ、そもそも最初に掲げた理論を誰も検証してくれない。

どうやって検証したらいいのかわからないから、検証できないんです。実験屋に「どういう実験をすればいいのか」を教えるのが現象論の人です。だから、彼らがいなければ、実験も始まりません。とても重要な役割ですが、最終的なおいしいところは、理論屋と実験屋が持っていってしまう。だから、一般の人の目には、なかなか触れない人々です。

物理学者の世界は、主に「理論屋」「実験屋」「現象論の人々」の三種類の研究者からなっています。でも、現象論の人々に、もう少し光を当ててあげようというような声は数が少ないのではないでしょうか。

世の中を見渡してみても、そういう場面はありますよね。

たとえば、歌の世界でも、まずは歌手に注目が集まります。しかし、その後ろで演奏する人々がいなければ、歌手がアカペラでずっと歌い続けないといけない。それに近い部分があるかもしれません。

「現象論」の研究者は大変な役割を果たしている必要な人々なのに、あまり報われていないというのが現状ですね。

「現象論」の研究者はひたすら「計算」

もうお察しのように、私は大学院の修士課程では「現象論」を研究していました。『ヒッグス粒子の現象論』というのが私の修士論文ですが、当時の先生が現象論の先生で、ヒッグス粒子の専門家でした。何を研究するかというと、ひたすら、毎日、計算です。それも、ほとんど数字は出てこない。

抽象的な数学の記号がたくさんあり、それをとにかくいじります。そうしないと、たとえば「素粒子Aと素粒子Bをぶつけたときに、どういう素粒子がどれぐらいの確率で生まれて、それがどれくらい実験装置でとらえられるか」という計算ができないんです。

これはとてつもなく複雑な計算で「ガンマ体操」という名前がついています。英語だとgamma gymnastics。

「ガンマ」というのは、数学用語では「行列」といいますが、要するに、エクセルの表のようなものです。エクセルでは、会計などの様々な表計算をしますね。たとえば、今月のデータと来月のデータを足したり引いたりします。

ガンマ体操では、表ごとで「表のかけ算」も行ないます。

表のかけ算は「表」というだけに項目が数多くあり、計算が非常に大変ですが、延々と計算してはじめて「素粒子Aと素粒子Bの反応確率」のような値が出せる。

それを毎日計算するんです。

朝、大学院の研究室に行くと、教授室の隣に間仕切りされた大学院生の部屋があり、皆でひたすら手計算をする。現在はコンピュータでできますが、当時（一九八〇年代）は、手計算しかない。それはもう大変で、三カ月ぐらい計算し続けると、ようやく一つの計算が終わるといった具合。

計算が終わっても結果が合っているかどうかはわかりません。どこか途中で一カ所間違っているかもしれない。そのため、複数の大学院生が同じ計算をする。全員の答えが合っていれば「ＯＫ」になるのですが、たいていは誰かが間違えるので計算結果が合わない。

そうすると、もう一回やり直しです。

また、その手計算が終わった時点で、今度はコンピュータのシミュレーションが始まります。たとえば、次のようなシミュレーションです。

LEPという加速器では、電子という素粒子と、反対の電荷を持った陽電子とがぶつかります。大きなエネルギーを持っていますが、それらが消滅するんです。純粋なエネルギーのかたまりが、また別の素粒子として固まるようなイメージです。物理法則により、それがどういう確率で、どういう素粒子に生まれ変わるかを計算できる。

どういう方向に飛んでくるのかも計算できます。つまり、最初に飛んでくるのが正面衝突だとしたら、それがどちらの方向に飛ぶかというようなことも——あくまでも確率ですが、計算できる。

だから、CERNのLEPで「これぐらいのエネルギーで電子と陽電子を正面衝突させると、これぐらいの確率でヒッグス粒子が生まれます」という計算も可能なんですね。

ヒッグス粒子は、一兆分の一秒以下で消えてしまいます。消えて、また別の素粒子に生まれ変わり、生まれ変わった素粒子が、どういう確率で、どういうものに変身して、どちらの方向に飛んでくるのかを計算する。すべては確率なんですが。

で、「最終的には何を観測すればいいのか」。最終的には、ありふれた素粒子に変わりますが、そのありふれた素粒子を観測する装置をつくると「ヒッグス粒子から出てきた素粒子だ。ヒッグス粒子の生まれ変わりである」という確率も計算できる。

何千億円という装置なので、実際につくってから「うまくいきませんでした」では話になりません。それでは困るので、あらかじめシミュレーションするのですね。

こういった役割を担うのが「現象論」です。

「現象論」の研究者が「こういう実験にしましょう」と、「プランA」「プランB」と絞り込む。そこではじめて、「よし、それでは俺たちが実験をするゾ」という話になり、実験物理学者たちが参加し、巨大な実験装置の設計をし、建設が始まるんです。

山手線サイズの巨大実験装置

奪い合い？　研究協力＝予算

さて、莫大なお金がかかる実験装置をつくるためには、国家予算が必要になりますが「国家予算でも足りないから、世界中の物理学者で協力しよう」というように、分担金を世界各国が供出します。

しかし、だいたいこの辺りから分裂が始まります。

たとえば、アメリカは「私たちはシカゴのフェルミ研究所で独自にその実験を行ないます。あしからず」というような話になるわけです。

一方のヨーロッパは一丸となって「それでは、私たちは別に実験をしますから、どうぞご勝手に！」となる。

そうすると、日本はアメリカとヨーロッパの双方から「日本はアメリカと一緒にするの？　それともヨーロッパと一緒にするの？」という話が来るわけです。要するに

「どちらにお金を出すのか」ということですね。間に立たされる立場はなかなか大変です。

どちらにお金を出すのかは、本当にケース・バイ・ケースです。ヒッグス粒子の発見に関しては、日本はCERN――つまり、ヨーロッパ側にかなりのお金を投資して実験をしています。

ヒッグス粒子の発見は、私が学生時代にイメージしていたよりも遅かった、というのが正直な気持ちです。私が大学院にいた頃は、電子と陽電子をぶつけるとヒッグス粒子ができると思われていました。しかし、ヒッグス粒子は発見できませんでした。

それは仕方のないことで、ヒッグス粒子は理論的に「重さ」が予言できないものだからです。予言ができないので、どれくらいのエネルギーの実験装置をつくればいいのかわからない。

無限大のエネルギーの実験装置はつくれません。実験装置の大きさも、最大で地球の赤道の大きさ。それ以上のものは地球上ではつくれません。

それに加えて、実験装置を構える場所の治安の問題や地形的な問題もあります。そうすると、実験装置の大きさが限定されてくる。CERNの山手線ぐらいの大きさが、現実的には最大の規模ではないでしょうか。

実験装置は「輪」になるわけですが、「輪」の大きさにより、エネルギーが決まります。大きな「輪」をつくれば、より速いスピードで素粒子を回すことができます。

つまり、より大きなエネルギーで正面衝突させられます。だから、本当はなるべく「輪」を大きくしたい。しかし、様々な現実問題があり、山手線の大きさに落ち着いたというわけです。おそらく、予算の制限もあったのでしょう。

衝突エネルギーがヒッグス粒子発見のカギ

CERNの電子・陽電子型の加速器「LEP」では、ヒッグス粒子が見つかりませんでした。

実は、二〇〇〇年に「LEP」の稼働が終わるときに、「ヒッグス粒子の痕跡を見つけた」という発表がありました。世界中が「とうとうこの日が来た！」と大騒ぎになりましたが、誤報だったんです。

実験データには、誤差があります。データにはでこぼこがあり、たまたま何かの理由で、完全にきれいな曲線にはならないときがあった。その発表は単なる誤差をヒッグス粒子の痕跡と勘違いしたものでした。

そして、二〇〇九年の末、今度は同じ山手線の「輪」を使って、電子と陽電子ではなく、陽子と陽子をぶつけました。

「〝輪〟の大きさは同じだから、スピードも同じでは？」と思われるかもしれませんが、そうではありません。陽子は、電子と比べると一八〇〇倍の重さがあります。重いということは、エネルギーがアップする。

たとえば、電子がちっちゃなスポーツカーだとすれば、陽子は超大型のダンプカーで、つまり重い。

スポーツカーがいくら速く走ったとしても、運動エネルギーは――同じスピードならば――ダンプカーの方が大きくなります。

だから、加速するまでには時間がかかりますが、同じスピードに達したら、スポーツカーよりもダンプカーの方が圧倒的にエネルギーを持っています。それと同じことです。

大きなエネルギーを持っているので、消滅したときに重い素粒子に変身できる。陽子と陽電子の衝突では残念ながら軽すぎたので、ヒッグス粒子のエネルギーに達しませんでしたが、陽子と陽子の衝突に変わると——要するにダンプカー同士の正面衝突のようなエネルギーなので、ヒッグス粒子ができるのではないかと考えられています。

物理学では、たとえば「九七パーセントの確率」というときは、ガセネタの可能性があります。一般の感覚では、九七パーセントの確率というと、「確定」に近い数値ですが、物理学の場合はNGです。「九九・九九九九九パーセントの確率で正しい」という精度にならないと、誰も納得しません。

二〇〇〇年の騒動のときは、九五パーセントぐらいの確率で正しいと発表されていましたが、それでもひっくり返りました。

当時は、メディアでも騒がれました。私も新聞で知り、「とうとう来たか！」と感慨深いものがありましたが、結局だめでした。

そのときに「もう陽子と陽電子の衝突では見つからないだろう。エネルギーが足りない」という結論になりました。しかし、山手線の大きさの「輪」を捨てて、さらに大きい実験装置をつくることは、世界的に不景気でお金がないので厳しい状況です。

そこで、CERNは「同じ〝輪〟を使います。その代わりに陽子と陽電子の衝突はやめて陽子同士の衝突にする」というように、プランBに切り替えたわけです。

プランAはうまくいかなかったので、同じ実験装置を改造して、プランBに切り替えた。「これならば安上がりでいける」ということです。

何千億円というお金を使ってはいるものの、物理学者たちも知恵を絞って倹約しているんですね。

実験装置も「マイナーチェンジ」

実はその陰で、アメリカが超大型の加速器「スーパーコライダー」(Superconducting Super Collider ; SSC) を――山手線どころじゃない大きさの実験装置を――テキサスにつくると計画したことがあります。たしかに「スーパーコライダー」ができていれば、もっと早くにヒッグス粒子は見つかったでしょう。

計画が持ち上がったのはレーガン政権の頃ですが、あまりにもお金がかかるという理由で却下されました。途中までは「つくる、つくる」といっていましたが、最終的には議会で承認されなかった。

レーガン政権時のアメリカは派手なことをやりたがるというか、様々なプランを打ち上げる国家でした。「スーパーコライダー」も「やるぞ」となりましたが、その後に世界経済が伸び悩んだこともあり、うまくいかなくなりました。なかなか難しいですね。理想的な実験装置をつくろうとすると何兆円もかかるので、結局議会を通らなかったり、様々な理由で中止になるんです。

そこで、ヨーロッパでは「昔の実験装置を使い回そう。改造しよう」となりました。性能アップというか、マイナーチェンジです。

自動車もマイナーチェンジをしますよね。見た目は大きくは変わらないけれど、エンジン性能や、エレクトロニクス関係はパワーアップする。また、デジタルカメラでは、形は変わらないけれど映像素子が変わる、とか。

地道に改良を重ねればお金はかからない。そういう改良を、物理学の世界でも行なっているんです。

とてもシビアな「現象論」

私の修士号の卒論は『ＬＥＰにおける実験の現象論の研究』でした。しかし、「ＬＥＰ」からヒッグス粒子は見つからなかったので、その瞬間にすべてが無駄になりました。

「現象論」の研究とはそういう仕事です。苦労を重ねて何年間も泣きながら計算をしても、もし実験で成果が上がらなければ、大量の論文はすべてゴミ。そんな世界です。過酷な仕事ですね。

もちろん実験屋さんたちも大変だったと思います。

しかし、実験屋さんたちは、別の実験結果は得ています。「LEP」はヒッグス粒子のために特化した実験装置ではないので、実はそのほかにも様々なものを見つけています。たとえば、「W粒子」や「Z粒子」（五四頁）といった素粒子の重さを確定したことも大きな成果です。

ただ、一番の目玉であるヒッグス粒子が見つからなかったという話なんです。だから、実験屋にとっては完全な無駄ではなく、それをテーマに論文を書けば実績になり、周囲からも「ヒッグス粒子は見つからなかったけど頑張ったね。一応の成果はあったよ」と、声をかけてもらえる。

しかし、「LEP」時代のヒッグス粒子の「現象論」の人々の仕事は、すべてご破算となる。「現象論」は、厳しい世界です。恨み節ばかりですみませんが（笑）。

物質をつくる素粒子（クォーク、レプトン）

「物質をつくる素粒子」と「力を伝える素粒子」

素粒子の構成について見ていきましょう。

物理学者が「理論物理学者」（理論屋）と「実験物理学者」（実験屋）に分かれているように、素粒子の世界も二つの部族に分かれています。一つは「物質をつくる部族」、もう一つは「力を伝える部族」です。

「物質をつくる素粒子」は「フェルミオン」と呼ばれます。フェルミオンは、「クォーク」と「レプトン」の二種類に分かれます。

まず、クォークとレプトンの説明の前に、これらのネーミングの由来をご説明しましょう。

物質をつくる素粒子――フェルミオン

「フェルミオン」の名前の由来は、イタリア生まれでアメリカに亡命した物理学者エンリコ・フェルミです。

エンリコ・フェルミ
（一九〇一〜一九五四）

「フェルミオン」の「オン」は、ギリシア語から来ています。ギリシア語には男性名詞と女性名詞と中性名詞があり、中性名詞の語尾には「オン」がつきます。

物理学者はカッコつけるのか、物理学の用語にはギリシア語の語尾をつけます。「フェルミ」という名前に「オン」をつけて、「フェルミオン」。それが「物質をつくる素粒子」の部族だというわけです。

物理学で「オン」という言葉がついているときは、基本的に、素粒子の「子」、「子供の子」という意味だと思ってください。

物理の世界では、ギリシア文字を使いたがります。西洋ではラテン語とギリシア語が学校で教わる古典ですが、ギリシア語は、やはりとても難しいわけです。ヨーロッパの子供はギリシア語とラテン語を学校で教わりますが、とても苦労するようです。だから、「ギリシア文字は、高級で難しい」というイメージがある。「ちょっと賢く見えるかな」という感じ。

日本語ではたとえば「電子」と書くように、物理学用語はほとんど漢字で表記します。どの国でも、カッコつけるというか、要するに難しい用語は、自分たちの文化の根源にあるものを使って品格を持たせたいという気持ちがあるんですね。ヨーロッパの人たちにとっては、それがギリシア語の「オン」なのです。

「クォーク」の名前の由来は……

「クォーク」という名前の由来は、ジェイムズ・ジョイス（一八八二～一九四一）というアイルランドの文豪の『フィネガンズ・ウェイク』という小説のエピソードから来ています。

『フィネガンズ・ウェイク』の中で「クォーク、クォーク、クォーク」と鳥が三回鳴く場面があるのですが、ノーベル物理学賞を受賞したマレー・ゲルマン（一九二九

〜）が、そこから命名しました。

彼は博識で文学的素養がある人なので、粒子のモデルを提出するときに、ジョイスの小説から「クォーク」という名前を取ったんですね。粋な名前の付け方だといえるでしょう。

「物質をつくる素粒子」のスピンは1/2

それでは、各素粒子の特徴を見ていきましょう。

素粒子はそれぞれ回転しており、その回転の大きさは決まっています。「ゆっくり回転していたものが速くなる」ということは、絶対にありません。

素粒子は生まれたときから、どの速度で回転するかは決まっている——それを英語で「spin（スピン）」といいます。「回転」という意味です。

「物質をつくる素粒子」はスピンの回転速度が二分の一に決まっています。

クォーク六種類について

さて、クォークとは何かというと、陽子や中性子をつくっている大本の素粒子です。

◆物質をつくる素粒子（クォーク）

クォーク 質　量：重い スピン：$\frac{1}{2}$	アップクォーク	u	ダウンクォーク	d
	チャームクォーク	c	ストレンジクォーク	s
	トップクォーク	t	ボトムクォーク	b

湯川秀樹博士が予言した「中間子」も、クォークからできています。

そして、「クォークは三世代六種類ある」ということを確定したのが、『小林・益川理論』でした（一五頁）。

クォークの六種類とは、アップクォーク、ダウンクォーク、チャームクォーク、ストレンジクォーク、トップクォーク、ボトムクォーク。

それぞれ対になっており、第一世代のアップとダウン、第二世代のチャームとストレンジ、第三世代のトップとボトムという三世代が存在します。

世代の違いは質量の違いです。この三世代の中で一番重いのは、トップとボトムです。チャームとストレンジが中間の重さで、アップとダウンが一番軽い。

レプトン六種類について

続いては、クォークと対になっているレプトンを紹介します。

ちなみに、「レプトン」もギリシア語です。

レプトンは「軽い」という意味のギリシア語「レプトス」の中性形です。だから、単純に「軽い粒子」という意味で、日本語にすると「軽粒子」になります。


レプトンもクォーク同様、質量の違いで世代が異なり、三世代六種類が存在します。

第一世代が、「電子」と「電子ニュートリノ」。

電子は「エレクトロン」ともいいます。

エレクトロニクスのエレクトロ（electro）は「電気」という意味です。それに「オン」をつけて「電気のもとになる子」、つまり「電子」となるわけです。

ニュートリノは、英語の「ニュートラル（neutral）」に由来し、「中性」ということです。

◆物質をつくる素粒子（レプトン）

レプトン	電子　質量：中　スピン：$\frac{1}{2}$		ニュートリノ　質量：軽い　スピン：$\frac{1}{2}$	
	電子	e	電子ニュートリノ	ν_e
	ミューオン	μ	ミューニュートリノ	ν_μ
	タウ	τ	タウニュートリノ	ν_τ

ただし、ニュートロンとはいえません。「ギリシア語にすると、語尾にオンが付く」というルールから外れていると思うかもしれませんが、なぜかというと、ニュートロンという名称はすでに「中性子」で使われてしまっていたからです。だから、イタリア語で「小さい」を表す「イノ」をつけて、「中性のちっちゃな奴」という意味の「ニュートリノ」にしたんです。紛らわしいですね。

第二世代は、「ミューオン」と「ミューニュートリノ」。

これは第一世代の電子のペア（電子と電子ニュートリノ）と比べると重いんですね。ミューオンは電子の二〇〇倍ぐらいの重さです。

第三世代は「タウ」と「タウニュートリノ」。「タウ」は「タウオン」と呼ぶこともあります。

「ミュー」も「タウ」も、やはりギリシア文字です。ギリシア語の「ミュー」は、英語の「m《エム》」にあたります。「タウ」は、英語の「t《ティー》」にあたります。

これまでに紹介した素粒子の種類は、（「反粒子」はありますが……六七頁）クォークが六種類。それから「レプトン」という軽い粒子が六種類。この一二種類が物質をつくる素粒子（フェルミオン）と呼ばれます。

力を伝える素粒子（グルーオン、光子、ウィークボソン）

力を伝える素粒子について

続いては別の部族「力を伝える素粒子」です。これらを「ボソン」といいます。力を伝える素粒子は「グルーオン」「光子」と二種類の「ウィークボソン」の合計四種類。数はそんなに多くはありません。

スピンは一です。先ほどの「物質をつくる素粒子（フェルミオン）」と比べると、倍のスピードで回っています。

グルーオンについて

「力を伝える素粒子」の一つ目は――これはなぜか英語名しかありませんが――「グルーオン」といいます。「グルー（glue）」は、糊や接着剤という意味です。それに「オン」がついている。あえて訳すとしたら「糊粒子」。

光子について

「力を伝える素粒子」の二つ目は、光の子と書いて「光子」。英語では「フォトン」(photon)。写真のフォトグラフィー（photography）の「フォト（photo）」に「オン」をつけて、「光の粒子」という意味です。

どんな働きをするのかを説明しましょう。

電気や磁気の「力を伝える」のが光子です。

たとえば、磁石同士がくっつく、あるいは反発するとします。その間で何が起こっているかというと、光の粒子が飛び交っているんです。昔の人はそれを知らないから、磁石には「磁石の力」、電気もプラスとプラスで反発するので「電気の力」、それぞれの力があると思っていました。

現在では「電気と磁気は同じもの」ということがわかっています。物体の間では光の粒子が飛び交っています。物体と物体が「光の粒子＝光子」をキャッチボールするということが、すなわち力が伝わるということです。

私たちは「光子」を直接見ることはできません。二つの磁石の間が光っているわけではありません。それは仕方がないことで、「光っているのが見える」ためには、光子が飛んできて、私たちの目の中に入らないといけません。

しかし、光子が物体と物体の間をお互いに行き交っているだけであれば、私たちの目に入ってこないので「見えない」のです。でも、磁石の間には、ちゃんと光の粒子が飛び交っています。

ウィークボソンについて

もう一つは——これも英語名しかありませんが——「ウィークボソン」です。「ウィーク（weak）」は「弱い」という意味です。

「ボソン」の名前も、フェルミオンと同様、やはり人名に「オン」をつけて、名づけられました。「ボソン」というのは、インドの物理学者サティエンドラ・ナート・ボース（一八九四〜一九七四）の名前から来ています。

ウィークボソンには、W粒子（Wボソン）とZ粒子（Zボソン）という二種類があります。

つまり、「力を伝える素粒子」には、「糊の粒子（グルーオン）」「光の粒子（光

◆力を伝える素粒子

ボソン スピン：1	強い力	グルーオン 質　量：0	g	クォーク同士をくっつけて、原子の中心に固める
	電磁力	光子（フォトン） 質　量：0	γ	反発力と寄せ合う力を生み出す（電気や磁気の力を伝える）
	弱い力	ウィークボソン W粒子 質　量：あり	W（W+、W−）	ニュートリノの働きに関与する（五九頁）
		Z粒子 質　量：あり	Z	

子）」、それから「弱い粒子（ウィークボソン）」があるんですね。

意外に少ない素粒子の数

これで一六種類の素粒子の紹介は終わりです。

物質をつくる一二種類の素粒子（クォークとレプトン）が、四種類の素粒子（ボソン）による力の媒介によって結びついて物質を構成するというわけです。

水素から始まり、ヘリウム、リチウム……と百十数種類も存在する元素の数と比べると、素粒子の数は少なくて覚えやすいですね。

物質が存在できるのはなぜ？

素粒子論と相互作用

「素粒子論」とは、どのようなものでしょうか。

「素粒子論」とは、「物質と物質の間を〈力を伝える素粒子〉が行ったり来たりしている、その運動法則を研究する学問」です。粒子の往来を「相互作用」といいます。

もし、物体がポツンと宇宙の中に孤立してあったとしましょう。物体の間に相互作用（一切の連絡）がなかったら、何も動きが起こらず、何も始まりません。

この物体と物体を媒介して、ネットワークのようなものをつくっているのが「力を伝える素粒子」です。

グルーオンの役割

「力を伝える素粒子」は大変重要です。もし「力を伝える素粒子」がなければ、われわれの世界をつくっている物体は存在することすらできない。

先ほど紹介したグルーオンは糊づけする粒子ですが、何を糊づけしているかというと、「クォーク」を糊づけしているのです。たとえば、アップクォーク二個とダウンクォーク一個をグルーオンが糊づけして固めると、「陽子」になります。

もし、グルーオンがなければ、アップクォークやダウンクォークの間に相互作用は起こりません。――つまり、陽子は生まれないということです。アップクォーク一個とダウンクォーク二個でできている中性子も、同じ理由でクォーク同士の相互作用は起こりません。

そうすると、陽子と中性子で構成される原子核ができない。そして、原子核がないと物質を構成する元素ができないため、物質は存在しない――ということになります。


教科書の太陽系モデルは……


たとえば、アップクォーク二個、ダウンクォーク一個の組み合わせをグルーオンが固めて、陽子が生まれます。その周りを電子が飛びます。

それが、水素原子です。中央に陽子が一つあり、周りを電子が一つ回っています。

◆水素原子の太陽系モデル

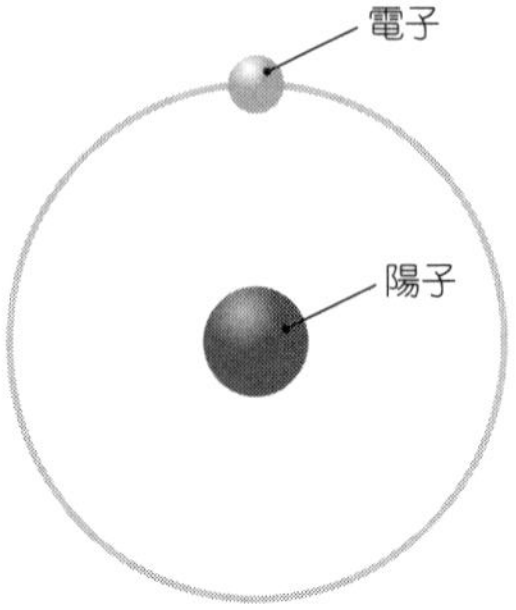

そのとき、グルーオンが陽子を固めます。周りの電子は、マイナスの電荷を持ち、陽子はプラスの電荷を持ちます。プラスとマイナスの電荷は引っ張り合います。引っ張り合いますが、電子は飛んでいるんです。

教科書的な説明をすると「引力と遠心力が釣り合い、衛星のような軌道を描いている」ということですね。

完全に正しい説明ではないのですが――教科書ではそこから教えていかないと誰も理解できなくなるので、「レベル1の説明」ではそうなっています。

上の図をご覧ください。このように、陽子や原子核を中心にして、電子が衛星のような軌道を描いているという図を見かけたことがある方も多いと思います。これを「太陽系モデル」といいます。「モデル」なので、これは模型の世界ということであり、実際は少し違うわけですね（詳しくは後述します。九〇頁）。

光子の役割

陽子と電子が原子を構成するときには、プラスとマイナスの電荷が引っ張り合います。その間で働いているのが「光子」です。

つまり、グルーオンと光子がなかったら、原子はできないということですね。そして、原子ができなければ分子もできないから、私たちの体もなければ、天体もできない。

何もない宇宙になってしまうのだから、グルーオンや光子はとてつもなく重要な存在ですね。

ウィークボソンの役割

それでは、「ウィークボソン」はどこで働いているのでしょうか？　ウィークボソンの働きは、ニュートリノなどが反応するときに表れます。
岐阜県の神岡鉱山の地下にあるニュートリノ検出装置「スーパーカミオカンデ」には、巨大な水のタンクがあります。

どこか遠い宇宙で超新星爆発が起こると、大量のニュートリノが地球に向けて飛んでくる。それが神岡鉱山の地下にある純水に入ります。ニュートリノの大半はそのまま通り抜けてしまいますが、たまにそれが水の電子と反応して「チェレンコフ光」という光を出す。「反応する」とは「相互作用がある」ということです。

その相互作用のときに、「ウィークボソン」が登場します。「ウィークボソン」は、現象としては自然界に存在しますが、原子の場合、電気・磁気と関係するというような身近な例は紹介できないんです。

相互作用の強さ

相互作用の強さは数字で表すことができますが、一番強いのがグルーオンです。「原子核を固めているグルーオンの力」を、専門用語で「強い力」といいます。グルーオンは「強い力」を媒介します。

それから、光子は「電磁気の力（電磁力）」を媒介する。ウィークボソンは「弱い力」を媒介する。「弱い力」の相互作用には数多くの種類があるので、物理学者たちの研究対象となっています。

グルーオンと
光子のおかげで
原子は できるんだね
エヘヘ
テレッ

重さをつくる！　ヒッグス粒子

一七番目の素粒子――ヒッグス粒子

「力を伝える素粒子」として、「グルーオン」「光子」「ウィークボソン（W粒子とZ粒子）」の四種類を紹介しました。

先ほどの「物質をつくる素粒子」の一二種類と合わせて、一六種類。そして、最後まで見つかっていなかった一七番目の素粒子――それが「ヒッグス粒子」なのです。

ヒッグス粒子は、スピン（回転の速さ）がゼロです。

スピンがゼロ、一、二というように、整数の回転速度を持つものは、すべてボソンに入ります。だから、ヒッグス粒子はボソンの仲間といえます。しかし、ほかのボソンはいずれもスピンが一。だから、スピンがゼロというのは、ボソンの中でも仲間外れなんです。

実際、役割も変わっていて、ヒッグス粒子は相互作用をしますが、「力を伝える素粒子」ではありません。「力を伝える」わけではなくて「重さをつくる」んです。

もし、ヒッグス粒子が存在しなかったら……

ここまで一六種類の素粒子を紹介しましたが、もしヒッグス粒子が存在しないと、彼らは重さがゼロ、つまり重さがないということになる――。

先ほど、「光子」と「グルーオン」がないと原子はできないという話をしました。ヒッグス粒子がないと、やはり原子はできません。どうしてそういえるのでしょうか。「素粒子の重さがゼロ」とは、「常に光の速度で飛び回っている」ということです。重さがゼロの粒子は、常に光の速度で飛びます。

ちなみに、実際に重さがゼロの素粒子には「光子」があります。重さがゼロなので光子は光速で飛ぶことができるわけです。

面白いのは、「重さがゼロだと止まることができない」ということ。「光子」は生まれたら瞬間から、ブレーキがついていないので、とにかく光の速度で飛びっぱなしです。そして、何かにぶつかって反応する（相互作用する）と、消滅する。それだけ。それが、重さがゼロの素粒子の運命なんです。

素粒子すべてが光の速度であちこちに飛び回っていたら、それらが固まることもできない。固まることもできないということは、陽子と中性子から構成される原子核もできない。当然、原子核と電子から構成される原子もできません。

だから、ヒッグス粒子が存在しなかったら、この宇宙の物質や人間、生き物、天体は、なーんにも存在できない。森羅万象のすべてがなくなる。素粒子が常に光速で飛び回り、ぶつかり、消えて、また生まれる。ただ、それだけの世界が拡がるのです。

「重さを持つ」とは?

ヒッグス粒子により素粒子は重さを持つことができます。ヒッグス粒子を取り上げたテレビのニュースでよく見かけるのは「ヒッグス粒子は、ちょうど水の抵抗のようなものです」という解説です。続けて「光速で飛び回っていた素粒子は、水に入るとスピードが落ちます。スピードが落ちるということは、重いということです」という説明をするわけです。

これは比喩的な説明ではありますが、それなりに正しい説明でもあります。

たとえば、軽いものと重いものを同じ力で押して、ある場所へ運ぶとします。そうすると、軽いものは重いものよりも早く到着する。ということは、同じ力で押した場合に「軽いということは速い」ということです。逆にいえば「重いということは遅い」ということです。

「重さをつくる」とは、いい換えるとこういうことです。

ヒッグス粒子は宇宙の真空に満ち満ちており、抵抗として働くので、足を取られて動きにくくなる。ちょうど、私たちが水の中を歩いているような感じですね。結果として、光速よりも遅くなってしまう。それが「重さが生じた」ということです。

ただし、光（光子）だけはこの「水」に足を取られません。それは、ヒッグス粒子と相互作用をしないからです。光子はヒッグス粒子の存在を感じません。

宇宙全体に「ヒッグスの海」が広がっているとイメージしてください。他の素粒子は、その海の中を通らなくてはいけないので遅くなる。しかし、光子はその海の上を飛んでいるからスピードが落ちない。そんなイメージです。

なぜ光子がヒッグス粒子と相互作用をしないのかは説明できません。相互作用しないものは光速のまま。相互作用するものは重くなるということだけがわかっています。

二人の天才物理学者ゲルマンとファインマン

複数のクォークからできている陽子と中性子

ヒッグス粒子を含め、一七種類の素粒子を説明しました。

ここで、それぞれの素粒子が持つ「電荷」について考えてみましょう。

電子を基準（一）にすると、アップクォーク、チャームクォーク、トップクォークは、電荷が電子の三分の二倍。それからダウンクォーク、ストレンジクォーク、ボトムクォークは、電荷が電子のマイナス三分の一倍。ニュートリノは中性なので、電荷はゼロですね。

たとえば、アップクォーク二個とダウンクォーク一個が集まると、陽子になります。その合計の電荷は$2/3+2/3-1/3=3/3=1$より一になります。これは、三個のクォークの電荷が集まってプラス一になっているというわけです。陽子は、電子とは逆の電荷を持っています（電子の電荷はマイナス一）。

中性子は陽子と一緒に原子核をつくっており、名前のとおり、電荷がゼロです。アップクォーク一個とダウンクォーク二個、この三個のクォークからできているのが中性子です。

電荷を計算してみると、三分の二が一個とマイナス三分の一が二個。足し算をすると、ちょうどゼロ（$\frac{2}{3}-\frac{1}{3}-\frac{1}{3}=0$）になるんです。うまくできていますね。

ちなみに陽子や中性子は現在ではクォークからできていると考えられていますが、昔は素粒子だと思われていました。

反対の電荷を持つ素粒子

湯川秀樹博士が発見した「中間子」も、かつては素粒子だと思われていましたが、現在ではクォーク二個（クォークと反クォーク）からできていると考えられています。「反」というのは「電荷が反対」という意味です。

素粒子の一覧表にはほとんど書かれていませんが、これは物理学者にとっては暗黙の了解です。粒子があったら、反粒子が必ずある。対になっているんですよ。ちょうど鏡の世界のような感じです。だからアップクォークがあるということは、反アップクォークもある。その違いは、「電荷が逆」ということです。

クォークだけではなく、レプトン（電子、ニュートリノ）にも反粒子があります。

たとえば、マイナス一の電荷を持つ電子の反粒子は――反電子といえばいいと思いますが、歴史的な経緯があり――、陽電子といいます。陽電子はプラスの電荷を持っています。

ミューオンの反粒子は、反ミューオンまたは反ミュー粒子といいます。

ニュートリノにも、反粒子である反ニュートリノがあります。

ニュートリノの電荷はゼロなので、反ニュートリノの電荷もゼロ。

ゼロの逆はゼロ。つまり、プラスゼロとマイナスゼロと考えます。同じことのように思えますが、反応を細かく調べていくと、必ず反粒子が必要な場合がある。

だからニュートリノに対しては反ニュートリノ、クォークに対しては反クォークが必要です。電子に対して陽電子、ミューオンに対して反ミューオン、タウに対して反タウがあるわけです。

だから、電荷が逆の素粒子を素粒子の一覧表に書かなくても「粒子がある場合は

（その素粒子と反対の電荷を持っている）反粒子が必ずある」という説明をどこかに書いておけばいいわけです。

そうしないと一覧表の大きさが倍になり、ごちゃごちゃになってしまいます。二五頁でも述べたように、物理学者はシンプルな理論を求めるので、表を煩雑にするのは嫌うんですね。

中間子の正体は「クォーク＋反クォーク」

それでは、中間子とは何でしょうか。

中間子は基本的に、クォークと反クォークの組み合わせでできています。

電荷ゼロの素粒子の中身を開けてみると、「アップクォーク」と「反アップクォーク」の組み合わせがあります。二個のクォークの電荷は、三分の二とマイナス三分の二だからゼロになるということです。

中間子は同じ種類のクォークの組み合わせでなくてもかまいません。

たとえば「パイ中間子」という中間子があります。

パイ中間子には、「プラスの電荷を持つもの」「マイナスの電荷を持つもの」「電荷ゼロのもの」の三種類があります。それぞれ「π^+（パイプラス）」「π^-（パイマイナス）」「π^0（パイゼロ）」といいます。

π^+はアップクォークと反ダウンクォークからなります。

アップクォークの電荷は三分の二です。ダウンクォークの電荷はマイナス三分の一なので、反ダウンクォークの電荷は三分の一ですね。

そうすると、アップクォークと反ダウンクォークの組み合わせでは電荷一（$\frac{2}{3}+\frac{1}{3}=1$）。つまり、$\pi^+$はプラスの電荷を持ちます。

電荷の計算は少しややこしいですが、とりあえずは「物質をつくる素粒子であるクォークには反対の電荷を持った対のものがある」ということだけ覚えてください。

複合粒子について

素粒子とは「それ以上分割できない粒子」のことです。ですからクォークと反クォークの二個からできている中間子、クォーク三個からできている陽子や中性子など、いくつかのクォークからなる粒子を「複合粒子」といいます。

複合粒子には、シグマ粒子など実は数多くの種類があります。しかし、一般に知られているのは、陽子と中性子だけです。

だから、陽子を構成するアップ、アップ、ダウンという組み合わせ以外に、クォークでチャーム、チャーム、ストレンジという組み合わせもある。一般向けの書籍にはほとんど書かれていませんが、実に様々な複合粒子が存在するんです。

かつては、実験をすると、陽子や中性子だけではなく、ものすごい数の陽子や中性子の仲間が出てきて、収拾がつかなくなっていました。

しかし、「結局、それらはクォーク三個の複合粒子である」と考えると、それだけですべてが説明できた。「クォークモデル」（一三〇頁）は、物理の世界ではとても大きな発見の一つです。

物理学者は高尚な名前がお好き

現在の「クォークモデル」を提唱したのは、アメリカの物理学者マレー・ゲルマンです。彼は「クォーク」の名づけ親でもあります（四六頁）。彼と同時代に、リチャード・ファインマンという、伝説的な理論物理学者がいました。

リチャード・ファインマン
（一九一八〜一九八八）

彼も同じようなモデルを考えていました。彼は「クォーク」ではなく、「パートン（parton）」という名前をつけていたんです。これは「部品」を意味する「パーツ（part）」に、ギリシア語の「オン」をつけたわけです。

「中性子や陽子、その他の複合粒子をつくっている部品」なんだから、「部品の粒子」という意味で「パートン」。「クォーク」よりも「パートン」の方が意味は簡単で、とてもわかりやすいですよね。

しかし、「パートン」ではなく「クォーク」が定着しました。おそらく「パートン」はわかりやすすぎたので、物理学者は嫌ったのでしょう。高尚な雰囲気がする「クォーク」という名前が定着しました。

わかりやすさのリチャード・ファインマンと、教養的なネーミングを好む、マレー・ゲルマンという構図でしょうか。

ちなみに、彼らは、同じ大学の理論物理学者ですが非常に仲が悪かったそうです。

ゲルマンはファインマンより十歳年下です。カルテック（Caltech、カリフォルニア工科大学）で、ファインマンが教授をしているときに、ゲルマンが赴任してきた。ゲルマンは、ファインマンのことをとても尊敬していて、一緒に素晴らしい研究ができるのではないかと期待していましたが、どうも性格が合わなかったらしい。とうとう喧嘩になってしまったそうです。

論文に関しても、同じような内容を同時に仕上げて別々に発表……という事態になったので、学部長が仲裁に入って連名で発表することにした、というエピソードがあるぐらい、二人は犬猿の仲だったようです。

性格が正反対なんですね。

有名なエピソードとして、こんな話もあります。

ファインマンは、昼食を近くのストリップバーで取っていたそうです。大学の教授が真っ昼間から平気でストリップバーに出かけて、お酒を飲み、ご飯を食べながら研究について思索を深めて、しかも裸の女性を眺めている。ストリップバーの女の人たちと車に乗って出かけたりもしていたそうです。

また、彼は教科書の自分のプロフィールには、ボンゴを叩いている写真を使ったりする。音楽にのめり込んだこともあり、彼が音楽を担当したダンスが国際大会で二位になったこともあるなど、かなり自由奔放な性格の人でした。

片やゲルマンは、本当に生真面目な物理学者です。大変な博識で何カ国語も言葉を操れる。先ほども述べたように、文学作品や芸術に対する造詣も深い。

この二人の性格が一致するわけがない。水と油みたいなもんです。

クォークの命名においても、クォーク対パートンという形になってしまいましたが、結局「クォーク」と名づけたゲルマンに軍配が上がりました。

「クォーク」の名づけの件以外にも、もう一件の出来事がありました。

ファインマンが著した『ファインマン物理学』という教科書は、世界的な超ベストセラーになりました。物理学科に進んだ学生が必ず読む素晴らしい教科書です(一二〇頁)。そのほかにも『ご冗談でしょう、ファインマンさん』という自伝が、やはり世界的なベストセラーになっている。

当時、カリフォルニア工科大学の書店に行くと、ファインマンコーナーがあり、ファインマンの本がずらりと並んでいたらしいのです。

それを見たゲルマンはカチンときて「俺もベストセラーを書いてやる！」と意気込んで書いた本が『クォークとジャガー』です。

この本、世界的にまったく売れませんでした（涙）。

内容が難しかったんですね。この違いはキャラクターの差でしょう。ゲルマンはとても生真面目で、頭がいい人だったんでしょう。もちろん、ファインマンも研究に対しては誠実で、頭もよかったけれど。庶民的なファインマンと、貴族的なゲルマンの違いとでもいうのでしょうか。これはしょうがないですね。

いずれにしても、キャラクターは正反対ですが、二人ともノーベル物理学賞を取っているのだから流石《さすが》です。

ちなみに、『ご冗談でしょう、ファインマンさん』は本当に面白い本です。原書もたくさん売れていますが、ロングセラーになっている岩波書店の日本語版は、大貫昌子さんの翻訳が素晴らしい。かなり多くの物理学者的なジョークが含まれており、物理学者の世界を垣間見ることができる本ですよ。

Part 2

ヒッグス粒子と超ひも理論のはなし

素粒子はブラックホールと同じ？

世界を分解すると個性がなくなる

素粒子そのものは抽象的です。具体性に欠けていて個性がありません。基本的に素粒子には、三つの特性しかありません。

「重さ」「回転」「電荷」。

基本的にはこれだけです。

たとえば、ここに二つの素粒子があるとします。重さ、回転、電荷は同じです。二つの素粒子はお互いの区別がつかない。二つの素粒子を箱に入れてカラカラカラと振って、「さあ、どっちがどっちですか」と問われても、もうわからない。

つまり、完全に一卵性双生児のようなものです。ただし、一卵性双生児はＤＮＡ情報はまったく同じだとしても、その後の環境によって個性が変わってきます。外見も、髪形を変えたり、洋服を変えたりできる。

素粒子は、それがまったくできません。素粒子は「重さ」「回転」「電荷」の三つの性質が一致するとまったく区別がつかない。没個性的な世界なんです。

たとえば、交差点があるとします。交差点で、性質が同じ素粒子が二つ飛んできてぶつかり、その後、別の方向に行くとする。

そのとき、「どの素粒子が、どの方向から来たのか」と問うても、個々がどうなったかはわからないので意味がありません。「衝突して、また別の方向に行った」ということしかわからない。

「どちらの素粒子がどちらの方向に行ったか」は、絶対にわからないんです。

人間が使うモノ、たとえば同じ型のカメラは、少しの傷やロット番号の違いで区別ができます。しかし、素粒子はロット番号もなければ傷もつかない。

物質を物質たらしめている最小限というか、究極の性質が「重さ」「回転」「電荷」の三つです。だから、世界をバラバラにして素粒子にまで分解すると、「モノの個性」が消えてしまいます。ちょっと気持ち悪いですね。

ブラックホールには毛がない？

実は、ブラックホールも同じです。ブラックホールは、たとえば星が超新星爆発をした後に、時空（一八八頁）にぽっかりと開いた穴です（それ以外の方法でもブラックホールはできますが、ここでは深入りしません）。

ブラックホールの性質は「重さ」「回転」「電荷」です。素粒子の場合と一緒で、この三つしかありません。だから、仮にこの三つがまったく同じブラックホールがあったとしたら、それは区別がつかない。

爆発するまでは、星は様々な個性を持っています。たとえば、私たちのいる地球は青い海の惑星で、木もあれば猫もおり、そこには化学物質があり、鉄分が多い・ウランがあるなどの多種多様な性質がある。

ところが、ブラックホールになると、そういった性質はすべて消えてなくなります。あらゆる有機的で複雑な個性がなくなり、「重さ」「回転」「電荷」の三つだけになります。このことを「ブラックホールには毛がない」といいます。

この表現は「No-hair theorem」という、ちゃんとした学術用語です。日本語にすると「髪の毛がない定理」です。本当に教科書に載っている用語です。

そういう意味では、素粒子も毛がありません。髪をセットしたり、髪を切っておしゃれできない＝個性がないんです。

素粒子は「単なる穴」!?

そうなると、「素粒子はブラックホールと同じなのか？」という疑問が出てきます。答えは「イエス」です。実は、素粒子というのは基本的にブラックホールです。素粒子の性質を説明する究極理論に「超ひも理論」があります。「超ひも理論」では、「素粒子は基本的にブラックホールである」という仮説や論文がたくさん出ています。当たり前といえば当たり前で「ブラックホールには毛がないし、素粒子にも毛がない。だから彼らは同じで、大きさが違うだけだろう」という予想がつくわけです。

ところで、なぜ時空に穴が開くのでしょうか。

星が核燃料を使い果たすと、内側から支えられなくなり、自らの重力で潰れてしまいます。ちょうど、地球の地面がどんどん下に落ちてゆくようなイメージですね。もっとも、星がそれほど重くないと、その落下はどこかで止まります。星が堅い芯まで潰れると、もうそれ以上潰せなくなるからです。でも、星が重いと、重力があまりに強すぎて、芯も潰れてしまいます。星の表面の落下はとどまるところを知りません。その星の重さがより小さい領域に集中すると、重すぎて時空に穴が開く。それがブラックホールです。

素粒子は小さくて非常に軽いのですが、あまりにも小さいので、重さが集中すると時空に穴が開きます。ほぼ一点に重さが集中するので、ちょうどキリで突くような感じですね。

素粒子を「穴」だと考えると、「モノ」ではないことが理解できますね。「具体的な穴」は存在しないし、「個性のある穴」も存在しない。単なる穴ということです。

「素粒子は単なる穴である」という説明が「超ひも理論」から出てきます。「超ひも理論」では、「素粒子は穴」ということになる。もちろん、単に「穴です」では終わらないので、「超ひも理論」の話は多少複雑になります。

超ひもと穴の関係については、一三五頁で紹介します。

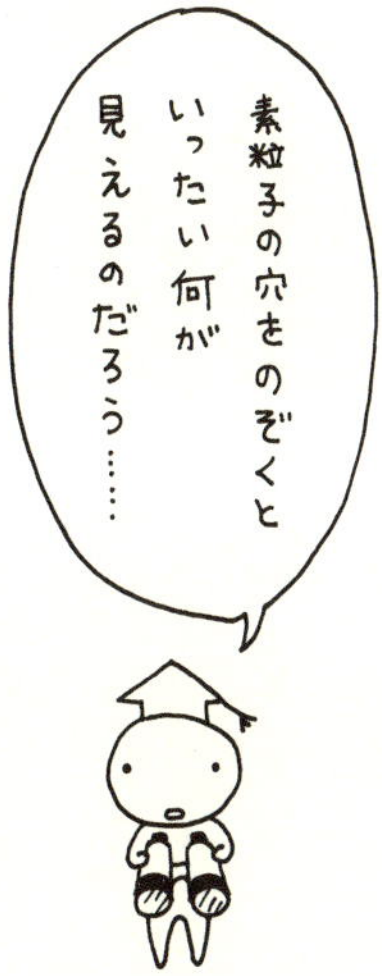
素粒子の穴をのぞくと
いったい何が
見えるのだろう……

「量子場」はバネだらけ⁉

場はバネだらけ

素粒子については、一般書ではあまり書かれていないことが、いくつかあります。そのうちの一つ、「量子場」についてご説明しましょう。

「量子場」という考え方があります。「量子」とは物理の世界の最小単位のことです（詳しくは後述します。一九四頁）。そのような小さな世界は粒々のようなイメージが強いと思いますが、そうではありません。

まず、現在の物理学では量子場をどのように考えているのかを説明しましょう。えーと、その前に「古典場」の説明から入りましょうか。いきなり現代音楽に入るのは難しいので、古典音楽から聴き始める、というような感じです。

たとえば、光子という素粒子があります。ここで、光の粒のもとになる電磁場があると考えるんです。基本的に、素粒子はすべて自分の「場」を持っています。

◆場をバネとしてイメージすると……

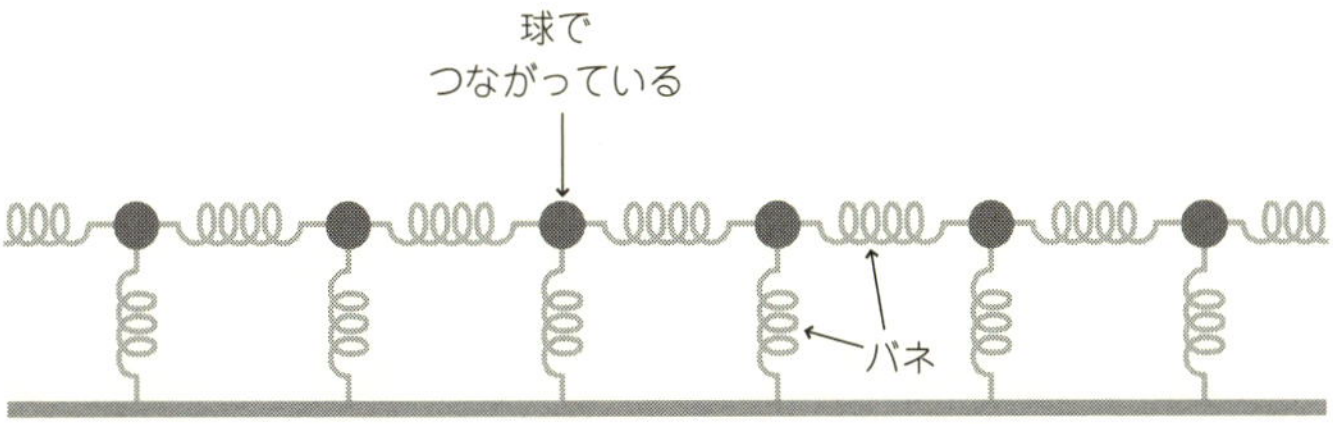

大学院に進学して、物理学を専攻すると、場の数学を勉強します。おおまかにいうと、「場」とは、バネがたくさん集まったようなもの。至るところにバネがあります。上の図では球がつながっていますが、この球が重要なのではなくバネが重要です。要するに「バネだらけ」。こういうものが「場」です。

たとえば「電波が届く」といいますね。「電波」とは「電磁場の波」です。まず電磁場があり――それは基本的にバネです――、バネが揺れる。その揺れが伝わってくるものが電波です。

ちなみに、このバネは無限に小さい。数学的にはそのように考えます。

量子場と古典場との違い

物理学では、「古典場」と「量子場」があります。

「古典場」は、無限に小さなバネが集まっています。古典場が波打つと、電波が届いて周囲に影響が及びます。

しかし、現代の物理学の主流は「量子場」という考え方です。この二つはまったく違う考え方ではなく、無限小のバネが至るところにあり（無限に小さいバネが無限にある状態）、それが全部つながっているという点は共通です。

それでは、何が違うのでしょうか――。

ある決まったエネルギーが、場の一カ所に集中すると、小さい波が生じます。要するに、デジタルの「0、1」の世界のような感じで、小さい波が「ないか、あるか」ということです。

「古典場」のイメージだと、波はグラデーションがついており、海の波がうねっているような、なだらかな山のような格好です。

「量子場」は、そういうものではありません。小さい波がきて盛り上がり、すっとなくなる。まるで、パルスのような、凹凸の形をした波です。

「無限小のバネが広がる」という点では「古典場」も「量子場」も同じですが、波になるときの様子が違うんですね。

量子場という概念

「量子」を英語にするとquantum（複数形はquanta）となります。要するに「量の最小単位」という意味でしたね。

そして、この「量の最小単位」がある場のことを「量子場」というわけです。

電磁場の場合も、「量子場」が本当の姿で、そこでは「量子としての光があるか・ないか」です。おおまかにいうと、「量子場」はデジタルの世界。「古典場」はアナログの世界です。

ちょうど、「かつてはアナログレコードを聴いていたけれど、現在はデジタルCDや音楽配信に変わりました」という変化のようなものです。

そういう技術変革とまったく同じように、物理学でも徐々に本質がわかってくると、「量子場」は本来デジタルの世界だったのです。

ただ、その小さな波を区別できなければ、アナログに見えてしまうんですね。

実際、私たちはテレビを見ていても、ピクセルごとに分解して見ているわけではありません。

ピクセルごとに分解するのがデジタルの本質ですが、私たちはなめらかな映像があると認識する。人間はアナログ的にとらえるのです。

おそらく人間の脳は、アナログ処理をするようにできているのでしょう。しかし、世界の本質はデジタルなのです。

量子場という概念は、とても抽象的です。「波」とはいうものの、私たちが触れているような波ではなく、デジタルの波。

この「デジタル」という説明も比喩的で、完全に正しい説明ではありません。

ウソの説明ではないのですが、「素粒子みたいなものが、ウジャウジャ詰まっている」というイメージではない。

素粒子は「粒」ではない

量子場はまさにデジタルな場で、素粒子の本質は量子場です。

そもそも、ヒッグス粒子に限らず、素粒子というのは「粒」ではありません（一七頁)。量子場があって、エネルギーがある一点に集中して、そこに小さなデジタルの波がピョコッと生じる。これが素粒子なんです。

いったん生じてしまえば、私たちはそれを粒子として認識できる。たとえば、電子には「電子場」があり、そこにエネルギーが集中すると、小さなデジタルの波、つまり「電子」ができるというイメージです。

場から粒子が生まれることを「励起」と呼びます。日本語だと難しいのですが、英語なら「excite」。ほら、興奮することを「エキサイトする」といいますよね。まさに場の一点が興奮状態になるんですね。それが粒子なんです。

これがある意味では、本当の説明です。私がナビゲータを務めるテレビ番組『サイエンスZERO』の収録のとき、益川敏英先生が「古典的な説明や、素粒子を粒とするとらえ方は、本当はインチキだ」とおっしゃっていました。

物理学者は、皆知っていることです。それは大ざっぱな説明であり、ある意味では「インチキな説明」なのですが、いまのようにすべてを正しく説明しようとすると、ニュースなどでは充分な時間がないため、いきなり「粒子がたくさんあります」という説明になるのです。

素粒子の世界はイメージしにくい!?

理論を説明する難しさ〈太陽系モデルの場合〉

先ほど、「デジタルという説明も比喩的で、完全に正しい説明ではない」と述べましたが、物理の世界にはそうした「ウソの説明」はたくさんあります。

五七頁でも少し述べましたが、たとえば原子の説明にもウソがあります。「中心に原子核があり、その周囲を電子が回っている」というのが一般的な原子の説明ですが、あれはあくまでもわかりやすくした模型です。

「太陽系モデル」という名前のとおり、太陽系イメージで原子を説明しようという、いわば仮の姿です。

電子は地球の周囲を回る月のように、原子核の周囲を回っているわけではありません。電子には「不確定性」があり、実際には電子が回る場所は不確定なので、どこにあるかはわからない。

◆水素原子の太陽系モデル（再掲）

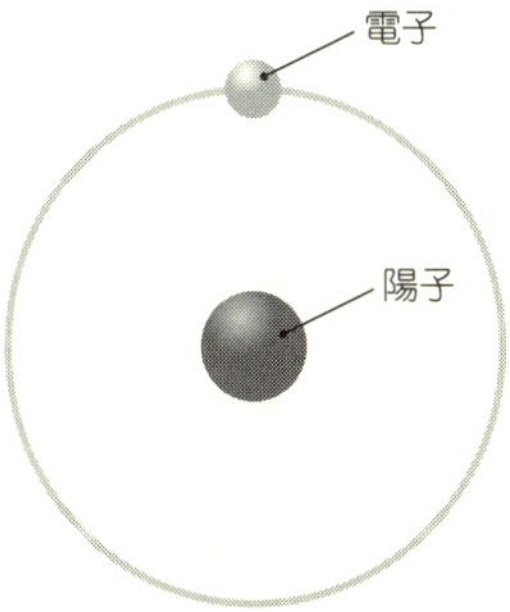

わからないのは、人類の観測技術が足りないからではありません。実際に、電子の場所は定まっていないからです。

電子の場所、確率の雲

それはどういうことか――。

まず原子核があるとします。周りに電子があるけれど、それがどこにあるのかは確率でしかない。

原子は球のようになっており、その球のどこかに電子がある。どこかにあるのだけれど、それがどこなのかはわからない。

実際に装置を使って電子の場所を決めようとすると、確かに「どこか」では発見されます。しかし、最初からそこにあったのかというと、そういうわけではない。

だから、「電子の確率の雲がある」とするんです。

素粒子の世界は徹頭徹尾「確率」なんです。たとえばここに三パーセント、ここに〇・五パーセントというように、空間の各地点で確率の数字があると考えます。

確率がパーッと広がると、ゼロパーセントの地点には電子がない。でも〇・〇〇一パーセントぐらいの地点では、何度も何度も観測すると発見されることもあるでしょう。

たとえば、ここに白色の画面があるとします。電子が存在した場所には黒色の点を打っていきます。その点が集まり、色が黒くなったところは電子が存在する確率が高い。逆に背景が白いところは確率がゼロです。

そのように調べていくと、原子は球のような形で、ぼんやりと雲のようになっています。確率の雲も真っ黒なところと、空との境目のように少し薄いところがあります。本当に真っ黒なところは、そこに電子がある確率は高いということ。一方、黒色がぼんやりしているところは確率が低い。もちろん、黒い雲がまったくないところは確率がゼロ、すなわち電子は見つかりません。

◆水素原子を輪切りにした場合の「確率の雲」

【参照】http://www.netplaces.com/einstein/quantum-theory-and-einsteins-role/the-heisenberg-uncertainty-principle.htm

たとえば、水素原子を考えてみましょう。水素原子は真ん中に陽子が一個あり、周りに電子の「確率の雲」があります。原子を輪切りにすると、確率の雲は上の図のようになります。

次頁の図を見てください。水素原子の雲は、エネルギーや回転状態の違いによって様々な形をとります。エネルギーが一番低い状態では「球」ですが、輪っかがついていたり、クローバーのように見えることもあります。しつこいようですが、この姿が原子というわけではなくて、電子がこの雲のどこかにいるということです。

どの図も、白色の部分は電子が存在しない場所です。つまり、確率ゼロですね。

◆水素原子の「確率の雲」は様々な形をとる

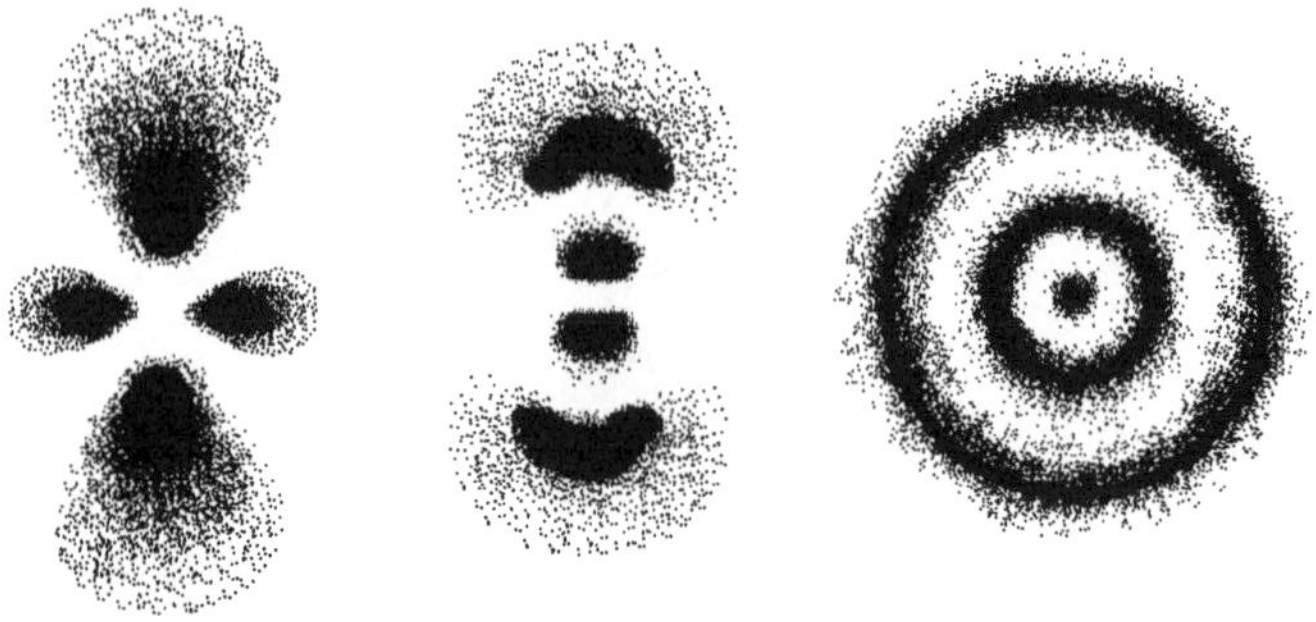

【参照】http://www.netplaces.com/einstein/quantum-theory-and-einsteins-role/the-heisenberg-uncertainty-principle.htm

逆に、真っ黒な部分に電子が存在する確率が高い。灰色の部分はその中間です。つまり、「確率の雲」は、数字の空間の分布と思ってください。

とにかく、電子という素粒子は、粒として原子核の周囲を回っているわけではありません。電子の場があり、その存在確率が計算できるだけ。

真実の世界を知るのは面白いですね。

素粒子は身近な常識とは別物

それでは、なぜ「インチキの説明」をしているのか。

それは、真実の世界を説得するのは難しくて、わからない人が続出してしまうからです。

人間は、どうしても身近な常識を基に考えます。そうすると「硬い」「軟らかい」「色がついている」「大きい」というような、私たちが知っているものの延長として「素粒子」があると思い込んでしまう。しかし、素粒子はまったくの別物です。

素粒子は「モノ」ではありません。

私たちは、この世界を理解するために、自分の脳で、自分の世界を構築します。そのイメージの延長線上には、素粒子はないのですね。

素粒子の世界は、具体的というよりも抽象的。

アナログというよりもデジタル。

確定というよりも不確定。

そんな不可思議な世界なのです。

アインシュタインとピカソの共通項

素粒子の世界は「抽象的」「デジタル」「不確定」といいましたが、それはいったいどういう世界なのか。ここでは、アインシュタインの登場にまで遡って、そのヒントとなるような視点や考え方をお話しします。

世界を変えたアインシュタインの「相対性理論」

人類の文化は、一九〇〇年代の前半に二つの飛躍的な進化を遂げました。

まず一つの進化は「量子」という概念ができたこと。「量子」という考え方が出てきて、次第にそれが「量子場」という形で完成されました。

もう一つの進化は、ドイツ生まれの物理学者アルベルト・アインシュタインの「相対性理論」です。

アルベルト・アインシュタイン
（一八七九〜一九五五）

人類が「量子」の存在に気づいたのは、一九〇〇年。その年に、ドイツの物理学者マックス・プランク（一八五八〜一九四七）が、最初の「量子論」の論文を書いています。アインシュタインの「(特殊)相対性理論」の論文は、その五年後の一九〇五年に発表されています。

「量子論」が完成して、方程式ができたのが一九二〇年代。

ドイツのヴェルナー・ハイゼンベルク（一九〇一〜一九七六）、それからオーストリアのエルヴィン・シュレディンガー（一八八七〜一九六一）という二人の物理学者が、ほぼ同時期に方程式を完成させました。

つまり、「量子」という考え方は、二十年くらいをかけてできあがったわけです。

一方の「相対性理論」は、アインシュタインがいきなり一九〇五年に論文を出した。

この二つを組み合わせたものが「素粒子論」です。だから、素粒子論の中には「相対性理論」も含まれています。

「相対性理論」は、それまでのニュートン力学とどう違うのでしょうか。

その違いは、「光に近いスピード」のときに表れます。つまり、ニュートンの方程式は間違っていたわけではなく、「ゆっくりと動いているものに対しては正しいけれど、光に近い速度で動いている物体の場合には補正が必要」ということです。その補正がアインシュタインの「相対性理論」なのです。

量子論と相対性理論による革命で、いったい何が崩れてしまったのか。

いわば「客観的な事実」のようなものが崩れました。物理学は「実験をして、その数値を測る」というイメージがあります。それが一筋縄ではいかなくなってしまったのです。

たとえば量子論によって物理学に「不確定性」が入ると、「ある粒子がどこにあるのか」というときに、正確にその場所を測定することが困難になってしまう。場所は不確定であり、確率的にしか決まらない（九〇頁）。

場所のみを決めることはできますが、それだけではだめで、「どちらの方向に動いている」という情報も必要です。

つまり、動き回っているものに対しては、「今、どこにいるのか」という情報も重要ですが、さらには「どちらの方向に、どれぐらいのスピードで移動中なのか」という情報も必要です。それでも、両方を一〇〇パーセント正確には決められない。限界があります。それが「不確定性原理」です。

いくら測定精度を上げても、どうしても測定できない限界が出てきてしまう。完全に客観的な事実というものがないのです。

相対性理論とは

「相対性理論」も、それまでの物理学にとっては当たり前だった、客観的な測定を困難にしました。

たとえば、目の前を素粒子が飛んでいるとします。しかし、素粒子を測定しようとしても、素粒子にくっついて一緒に飛んでいる場合と、こちらが止まって素粒子を見ている場合とでは、観測結果が違ってくるんですね。

その最たる例が電磁場の話です。電磁場とは電場と磁場のことですね。

磁石があり、その周りに砂鉄があると、磁場ができる。

これは、客観的な事実のように思えます。ここには今、磁場しかなく、電場はない。ところが、磁場を動きながら見ると「電場はある」のです！

磁石に対して自分が止まって観測する場合は、たしかに磁場しかありません。ところが、動きながらこの磁石を見ると、電場もあるように見える。

つまり、こういうことです。

自分は止まっています。次に磁石を動かします。そうすると電場が見える。

どうしても私たちは、磁石は絶対的に止まっているか、絶対的に動いているかのどちらかしかないと考えてしまいます。

ここで、発想を変えましょう。

アインシュタインのすごいところは、自分や観測装置に対して磁石が止まっている・動いているという考え方にとらわれず「磁石を中心に考えたらどうなるか」と発想した点にあります。

磁石の立場で、観測装置が止まっている・動いていると考えることが、「相対的」なのです。

つまり、観測装置と磁石との間に動きがあるか・ないか。観測装置を絶対視しない。現実には観測装置は大きいので、観測装置が動くということはありませんが、もし小型の観測装置があったとしたら、動くことも可能ですよね。

そうすると、磁石と観測装置の立場は同等になります。

となると、先ほどの奇妙な状況も理解できる。目の前の磁石に対して自分が止まっているときは磁場しかない。しかし、自分が動くと電場はある。ええと、要するに相対運動さえあれば、そこには磁場のほかに電場もある。

単なる穴である素粒子を「モノ」と考えてしまうのと同じように（七八頁）、私たちはどうしても、電場や磁場を「モノ」と考えてしまいます。確定して存在する「モノ」として、イメージしてしまう。しかし、そうではありません。

たとえば、人間の顔を考えてください。人間の顔は、止まって見たときは正面の顔しか見えません。しかし、動きながら見ると横顔が見えますね。

そのときに「正面の顔だけではなくて、なぜ横顔が出てきたの？」という質問は、おかしいですよね。

「磁場しかないのに、なぜ電場が出てきたの？」という質問はそれと同じことで、いわば電場は磁場の横顔です。

「相対性」という言葉は難しいように感じますが「絶対的に止まっている」ということには意味がなくて、あるのは「相対的な関係」だけです。

そうだとしたら、磁石があり、周りに磁場があるという物理現象を観測するときに、止まっている観測者――つまり磁石に対して相対運動がない観測者――と、磁石に対して相対運動がある観測者とでは、観測結果が違ってくるわけですね。

最初の観測者は「磁場しかありません」と、磁場のグラフを描く。次の観測者は「いや、磁場もあるけれど電場もあるよ」と、磁場と電場のグラフを描く。

そこで、先生にレポートを持っていくとしましょう。

「相対性理論」を知らない先生ならば、動きながら観測した二番目の観測者に対して「君、何をいっているんだ？　電場なんてどこにもないだろう！」と怒り、落第点をつけるでしょう。

しかし、「相対性理論」を知っている先生ならば「君は（なぜかわからないけれど）走りながら観測したんだね。だから、電場が見えたのだろう」と語りかけるはずです。「それはそれでいい。君たち、二人とも合格です」となる。

つまり、この二人の観測者のどちらかが絶対的に正しいわけではない。

二人とも相対的に正しい。

それが「相対性理論」です。

まとめると「観測者と観測される対象との関係により、何が観測されるかは変わる」ということですね。

素粒子の実験をするとき、実験装置は固定されていて素粒子は動いていますが、計算するときには、素粒子の立場から「動いている観測装置だったらどうなるのか」を計算できる。

そう考えると、「客観的な事実」というものが、とてもあやふやになってきますね。なんでもありではないのですが、「相対性理論」の計算の枠内であれば、様々な観測結果があるということです。

「量子論」の場合は「相対性理論」とは異なりますが、「不確定性」が入ってくるので、観測結果はやはり客観的・絶対的には決まりません。

素粒子の世界はピカソの絵と同じ!?

二十世紀の初頭、人類の文化が大きく進歩したのは「この世界は本質的に曖昧なものだ。絶対的に定まった世界ではない」ということに気づいたからではないでしょうか。

具体性は失われていき、実験結果が崩れて「横から見たら、こう見えますね」となる。面白いのは、その時代、絵画の世界にはピカソが登場していることです。

パブロ・ピカソ（一八八一～一九七三）には『アビニョンの娘たち』（一九〇七年）という有名な作品があります。作品を見ると、正面から見た顔や横から見た顔が同時に存在している。

それは先ほどの「正面の顔と横顔のように、電場と磁場がある」という例えにつながります。ピカソの作品は、視点が相対的になっているんです。

複数の視点から見たものが、キャンバス上で一つに描かれていると、「なんだろう？」と理解不能のようにも思えます。しかし、「相対性理論」の観点から見ると、とても興味深い。

一つの固定された視点からパースペクティブ（perspective、遠近感）を描くという古典絵画の完成形があるわけですね。古典絵画は、ニュートン力学と同じようなものです。

それと比較してピカソの作品には「違う視点から見たらこうだよね、こっちから見たらこうだよね」、あるいは「時間がたったらこうなるよね」というような考え方が、同時に画面に入っている。『アビニョンの娘たち』は、複数の画家の視点が描かれているんです。

おそらく、ピカソは相対性理論を知らなかったと思います。

しかし、私は「人類の脳とその認識力は、二十世紀の初頭に劇的に進化したんじゃないか」と思うんです。

世界をとらえるときに、それまでにはなかった発想が、同時多発的に文化の様々な面で出てきたのだと思います。

相対的に見る・視点を変えるということは、文学の世界でもあります。「メタ文学」というジャンルです。

日本の作家筒井康隆さん（一九三四〜）の作品で、物語中にまた物語がある話がある。たとえば『朝のガスパール』という作品もそうです。しかも、単純に「これはテレビの中の世界です。それは嘘の世界ですよ」という話ではない。なにしろ、作中人物が作品の外に飛び出したり、その逆が起きたりして、客観的な立ち位置が根底から崩れてしまう。

どちらも相対的に正しいとすると、また具体性が失われていくわけです。「どちらが本当？」という問いが意味をなさなくなる。

つまり、文学の世界にもそういう見方が出てきている。キーワードとしては「不確定性」「相対性」「複数の視点」「抽象的」でしょうか。

素粒子論や物理学がわからないという人は多いのですが、その「わからなさ」は、ピカソの絵がわからない、あるいはメタレベルの話がいくつも書かれている文学作品を読んでわからない、ということと同じです。

筒井康隆さんが朝日新聞の朝刊に連載していた『朝のガスパール』には、連載中、多くの人から投書が来たそうですが、中には「意味がわからない。この作家は、気が狂っているから執筆をやめさせろ」という内容もあったそうです。読者の頭がストーリーの相対性についていけなかったんですね。

あるいは、ウラジミール・ナボコフ（一八九九～一九七七）という、ロシアからアメリカに亡命した作家も「相対性理論」に影響を受けた『アーダ』という作品を書いています。

たしかに、予備知識やバックグラウンドなしにピカソの絵をいきなり見せられた場合、「この作者は頭がおかしい」という解釈も可能ですね。でも、それでは十九世紀の人類文化と同じレベルということなのです。われわれは二十一世紀に生きているのですから、やはりアインシュタインもピカソも筒井康隆も、ちゃんと理解したいものです。

数学の世界の抽象化

七八頁でも述べたように、素粒子の世界はとても抽象的ですが、数学の世界は、物理よりもずっと前に進化（抽象化）を遂げています。

数学も、最初は「りんごが一個、二個、三個……」「みかんが一個、二個、三個……」の世界でした。

そこから抽象化して「一、二、三」という「数字」になる。具体的に何かが三個あるわけではありません。「三」という「数」は、数字にすることで抽象的なものになります。

私たちは「数字」に慣れているので、「三」を具体的なものだと感じますが、実はとても抽象的なものです。

小さな子供が「三個のりんご」と「三匹の子ブタ」は両方とも「三」だけれど、それは同じ「数」であると理解するのは、大変なことです。

その後は一、二、三の代わりにx、y、zが登場しました。xとyとzの関係を、いろいろといじる。これが代数学です。

代数学では、数字に加えてアルファベットまで出現するため、抽象度は高くなります。読者の皆さんも、中学校や高校で因数分解に出合ったとき、理解するために練習を繰り返したと思います。

数学者は、研究をするときには、ほとんど数字を使わない。具体的なものから抽出して、次に抽象度が高い数字になり、さらには数字さえも超越して、もっと抽象化したx、y、zという記号になる。だから、記号ばかり扱う抽象度の高い世界です。

こうしたことを踏まえると、数学の世界は二十世紀よりも前、おそらく十九世紀頃から「相対的な視点」の段階に到達していたのでしょう。具体的な方程式を解いていたときは――抽象度は高いのですが、それでもまだよかった。

一次方程式では「$3x=5$」というような計算をします。続いては「$2x^2+3x+1=0$」というような二次方程式。二次方程式の解の公式を覚えるところまではいい。その後に、三次方程式を研究した人、四次方程式を研究した人がいる。両方とも解の公式があるわけです。長くて覚えられないから学校では教えませんが、数学者は知っている。

ところが、五次方程式には解の公式はありません。実はそこから、「数学」の抽象化が一気に進みました。五次方程式の解の公式を探したけれど、誰も見つけられず、そのうち「五次方程式の解の公式はない」ということを証明した人がいます。

それは、フランスの数学者エヴァリスト・ガロア（一八一一〜一八三二）です。ガロアは決闘が原因で二十歳で早世した人ですが、彼の功績により「群論」という分野の学問が始まりました（五次方程式の解の公式がないことは、ガロアの前にノルウェーの数学者ニールス・アーベルも証明しています）。

群論は一種のパターンを研究する学問です。最初は方程式の研究だったはずなのに、いつの間にか抽象的になっていきました。

そうやって数学はどんどん進化して抽象化が進み、あっという間に一般人の常識からかけ離れた世界になってしまいました。数学の世界だけが勝手に先に進んでしまったんです。遅れて物理学、絵画、文学の世界がついていったのではないでしょうか。「普通の人々」が「数学者の話していることが理解できない」といい始めたのは、やはり抽象化の進んだ代数学の頃からです。

それまでは、たとえば会計士のように商売をやっている人が数学を学ぶことで仕事ができるようになるという時代がありました。しかし、そのうちにxやyが出てきた時点で「そういわれても、私たちは円やドルの話をしたいんです」というような、一般の世界との乖離《かいり》が生じたのですね。

数学者は先に進み、彼らが研究していた抽象的な数学が、のちに物理学にも使われるようになりました。

アインシュタインも奇人扱いされていた

同様に「相対性理論」が発表されたときも、アインシュタインは頭がおかしいと思った人が大勢いたわけです。

ノーベル賞受賞者のフィリップ・レーナルト(一八六二〜一九四七)というドイツの物理学者がいます。彼は「反相対性理論」のキャンペーンを張って、「アインシュタインは頭がおかしい」といい続けました。

ノーベル賞を受賞していた当時の物理学者でさえ、アインシュタインの「相対性理論」は「おかしい」としか思えなかったんです。

客観的な事実。

絶対性。

確定。

一つの視点。

あるいは具体性。

こういった枠組みでしか世界を見られない人にとっては、その対極にある相対的、不確定、複数の視点、抽象的という現代物理学の世界というのはわからない。

決まった枠組みの中でしか世界をとらえられない人たちばかりならば、ピカソの絵も理解されず、現代文学も理解されなかったでしょう。しかし、それらは時とともに評価されるようになりました。

たしかに革命は起こり――人類の先端といったらおかしいですが、一部の人は次の認識レベルに上がったのだと思います。それが芸術や文学といった様々な世界で起こった。

おそらく、美術や文学に携わっている人ならば「相対性理論」や「量子論」を学んでいないとしても、現代物理学について以上のような説明をすれば、すぐに理解していただけると思います。

様々な世界で人類の文化が一気に次のレベルへと進化したんですね。

私たちがアインシュタインやピカソの名前を覚えているのには、やはり理由があるんです。

彼らの理論や作品はなかなか簡単には理解できない。アインシュタインの理論を聞いても腑に落ちないし、ピカソの絵を見ても「子供が描いているみたいだな……」と思う。それでも、「彼らはすごいんだろうな」と思ってしまう。人々のその直感は正しいんです。

「天才」とはそういうもので、なかなか理解できなくても、その「凄さ」が伝わってくる――。

ただ、美術館で昔の古典絵画を見て「この絵はきれいだね」といっている人が、次のキュビズムの部屋で「何、これ?」とわからなくなってしまうことはあるわけです。

だから、全員がわかるというよりも、どちらかに分かれるのでしょう。つまり、わからなくてもかまわない人には永遠にわからない。それが「現代素粒子論の世界」です。

それでは、どうしたらわかるようになるのか。その発想のヒントは一五六頁でご紹介します。

違う視点が同時に
存在する……
これが相対的ということか

ヒッグス粒子はどうやってつかまえる?

変化した素粒子をたどる

ヒッグス粒子の発見が大変だった理由は、どれくらいのエネルギーを集中させれば、「小さなデジタルの波」、すなわち素粒子ができるのかがわからないことでした。ヒッグス粒子の重さを予測する理論がないのです。

一九頁や三六頁でも述べましたが、現在、CERNで稼働している「LHC」という加速器は、陽子をグルグル回して正面衝突させます。充分な衝突エネルギーが生じるので、ようやく「小さなデジタルの波」ができるようになりました。その結果が「LHC」によるヒッグス粒子の発見です。

ただし、それだけでヒッグス粒子をつかまえられるわけではありません。

ほかの素粒子とヒッグス粒子の違いを考えてみましょう。

たとえば、カメラで写真を撮ると、電磁場の素粒子である光(光子)が飛んできて、センサーに入ります。センサーに入った時点で光子をつかまえますが、つかまえた瞬間には消えてしまい、その後には電気に変換されます。

ところが、ヒッグス粒子は一兆分の一秒ぐらいで小さな波ができて、すぐになくなるので、非常につかまえにくくて困るわけです。

しかし、エネルギーが生じたのだから、静かな水面に戻るわけではありません。波は崩れますが、別の素粒子に変換される。要するに「変身」するんです。

それを専門用語で「生成と消滅」といいます。

この世界には、ヒッグス場だけではなくて、あらゆる素粒子の場があります。ヒッグス粒子が壊れるときに持っていたエネルギーは、Z粒子や光子のようなほかの素粒子の生成に使われます。

比喩的な説明になりますが、誰かから小切手をもらったとしましょう。でも期限までに換金しないと使えなくなってしまいますから、あなたはすぐに銀行に持って行く。ヒッグス粒子が瞬時にZ粒子や光子に変身するのは、小切手があっという間に一万円札に換金されるのに似ています。

陽子同士を衝突させると、それぞれ反対方向にヒッグス粒子ではない別の素粒子ができて、それがZ粒子に変身（崩壊）することもあります。

だから「崩壊してしまった素粒子の大本」を見つけるのは困難です。

なぜかというと、陽子と陽子の衝突はとても「汚い」からです。陽子はアップクォーク二個とダウンクォーク一個からできていました。だから、衝突の際に、この三個のクォークや、それをつないでいたグルーオンがぐちゃぐちゃの状態になってしまいます。本当はクォークだけで衝突させられたらいいのですが、グルーオンによってしっかり固められていて、それは不可能なんです。

計測した重さを一覧表と比べる

そうした混沌とした中から、痕跡はほとんどありませんが、生成された光子やZ粒子を計測すると、もとの素粒子の重さを計算・復元できる。

つまり、最初の運動エネルギーは、衝突後のエネルギーに全部変換されるわけですから、衝突後の運動エネルギーをすべて集めれば、もとの素粒子が何だったのか、その重さが計算によって復元できる、ということです。

複数のクォークなどが集まってできている粒子は素粒子ではなくて、「複合粒子」

というのでしたね（七〇頁）。陽子（ｕｕｄ）や中性子（ｕｄｄ）に限らず、ｃｓｓ（チャーム、ストレンジ、ストレンジ）など、もっと重い複合粒子もあります。ただし、複合粒子はすぐに壊れてしまいます。

複合粒子の重さは、すべてがわかっています。素粒子一覧表というのがあるので、実験後にそれを見ながら、生成された複合粒子の重さがどれに当たるかを調べることができます。

その結果が、これまでに知られている素粒子と重さが一致すれば、問題ありません。その素粒子を確定できます。

もし、これまで人類が集めてきた様々な素粒子の重さに当てはまらなければ、「未知の素粒子の発見か？」となるわけです。

そして、その数が非常にたくさん集まれば――そうなったときにはじめて、誤差や検出器の誤りではなくて、「これは絶対に未知の素粒子だ！」と確定します。それが今回の「ヒッグス粒子」です。

「ヒッグス粒子の発見」というと、「ヒッグス粒子をつかまえて瓶に入れて保存する」などと想像してしまいがちですが、だいぶイメージが違いますね。

素粒子はいつも不確定

素粒子に不確定性がなければ世界は崩壊する

「素粒子は不確定である」と述べましたが（九〇頁）、もし素粒子に不確定性がないとしたら――つまり、この世界が量子からできていないとしたら、どうなるのでしょうか。

一言でいうと、世界は潰れてしまいます。

つまり、こういうことです。

原子は大きさを持っています。たとえば、人間が原子の上に乗ると、重力があるので原子は潰れてしまう。粒子は原子よりももっと小さいので、本来は一緒に潰れるはずです。

それではなぜ、私たちが立っているこの床が抜けないのでしょうか。

それは不確定性のおかげです。

次のように考えてみましょう。

人が床の上に立っています。それは「人間が床をつくる原子を圧縮している」ということです。その場合、原子の周りを回っている電子も圧縮されるので、電子は押さえつけられて動けなくなる。つまり、電子の位置が決まります。

すると、不確定性により「動く方向と速さ」（運動量）はわからなくなる。「わからなくなる」とは「運動量が大きくなる」ということです。

不確定性とは、「どこにあるのか」という位置の情報と、「どの方向にどれくらいの速さで動いているのか」という運動量の情報のかけ算です。

それは、ある値よりも必ず小さくなります。仮に、ある電子の位置と運動量のかけ算が「一」だとします。位置の確定度が仮に「〇・〇一」に決まるとすると、その場合の運動量は「一〇〇」までは許されるのです。

不確定性は、要するに「こちらを取ればあちらが立たず」という話です。何かを測定しようとしたときに、一つを精密に測定すると、ペアになっている別の物理量の不確定性が増す。

だから、位置を決める（床の上に人が立って、電子をぐっと押す）のは、実は電子の動きを封じて押さえ込もうとするのと同じことで、電子の位置を「ここ」と決めるようなものです。その結果、逆に運動量が不確定になる（大きくなる）んですね。

そして、運動量が不確定になれば、ギュッと縮まらないということです（逆に縮まるということは、運動量が決まるということです）。抵抗するから、人間は床を突き抜けない。

つまり、不確定性というものが存在しなければ、私たちは床を突き抜けてしまうのです。

『ファインマン物理学』は素晴らしい

それを説明している有名な教科書があるので引用します。

> こうしていま、われわれは、床をつき抜けて落っこちないわけを理解できるようになった。われわれが歩くと、われわれの靴は、それをつくっている原子の質量をもって床を押しつけ、また靴は床から押し返される。靴の原子を押しつぶそうとすると、電子はもっと狭い空間内に押しこめられる。それに伴っ

て、不確定性原理によって、その平均運動量は大きくなり、そのエネルギーは高くなる。原子の圧縮に対する抵抗力は、量子力学的効果によるものであって、古典的な効果ではない。古典的には、電子や陽子をみな接近させればさせるほど、そのエネルギーは減少すると考えられる。正負の電荷の最良の配置は、それらが全部たがいに重なり合っているときだからである。このことは、古典物理学では周知の事実である。そのために原子の存在は、古典物理学における一つの謎であった。もちろん、むかしの科学者も、その困難から抜け出る方法を考えてはいたのである――しかし、そんなことは気にしない、気にしない。われわれはすでに正しいやり方を知っているのだから。

これはファインマンの書いた『ファインマン物理学V量子力学』（砂川重信訳　岩波書店）の一節で、物理学科の学生が読む教科書のようなものです（七四頁）。

一昔前の物理学科の学生は、皆この本を読んでいました。

やはり、天才による本は素晴らしい。『ファインマン物理学』シリーズは、大学の授業でファインマンが話したことを文章の上手な友人がまとめたもので、世界的なべストセラーになり、読み継がれています。

物理学者が書いた本は、数式だらけで意味を書いていない場合もあり、本当は内容を理解していないのでは？　と思わせる本もあります。有名な教科書から数式だけ引き写しているような本も多いですね。

しかし、本当にわかっている人は、やはり自分の言葉で語ります。『ファインマン物理学』シリーズは、そこが素晴らしい。

この本を読めば、大学の物理の授業は必要なくて、担当教官が最新の知見を補足すればそれで事足りるのではないかと思わせるくらいです。

電子は幽霊

先ほど、「電子の動きを封じて押さえ込もうとする」と書きましたが、逆に「拡がっている」と考えることもできます。

それは「今どこかにいるけれど、私たちが知らない」ということではありません。その発想を理解するのが大変ですが……。

私たちは、どうしても「電子という〝点〟があり、それがどこかに存在する」と考えてしまいますが、長い論争の末に「どうやらそうではない」ということがわかりつつあります。

電子は観測や相互作用があってはじめて、どこかの位置に収束します。

だから、観測されるまでは実体がありません。

「かくれんぼをしてどこかにはいるだろうけれど、どこに隠れているのかわからない」ということではないのです。

触って影響を与えることにより、電子は自らの場所を決めて——決めるといったらおかしいけれど——忽然とそこに現れる。観測しようとしなければ、幽霊のままで実体はありません。

つまり、素粒子は「相互作用することで場所が確定する」のですが、それは「相互作用がなければ場所は確定しない」ということでもあります。

これはとても面白くて不思議な現象ですね。「なぜだろう」と理由を考えると頭が混乱しそうですが、物理学者が延々と百年近く論争をして「ああだ、こうだ」と実験を繰り返している世界ですから、難しくてもわからなくても無理はないんです。

素粒子論の救世主、ファインマン

反粒子は過去に進む

素粒子論を学んでいる人にはおなじみの「ファインマン図」というものがあります。量子場がわかった上で、そこから計算規則を抽出すると、誰でも簡単に計算ができるようになる。そのときに使うのが「ファインマン図」です。

——↑——は電子、——↓——は陽電子、〰〰〰は光子。

……というように、素粒子ごとに絵があり、その絵を数多く組み合わせると、素粒子同士がどのように相互作用をするかというパターンが描けます。

たとえば、次頁の図をご覧ください。

陽子（ｕｕｄ）が二つぶつかり、中間で線がねじれていますが、左の線が右に行き、右の線が左に行っています。また、ｄがダウンクォーク、$\bar{\mathrm{d}}$が反ダウンクォー

◆ファインマン図（陽子同士の衝突）

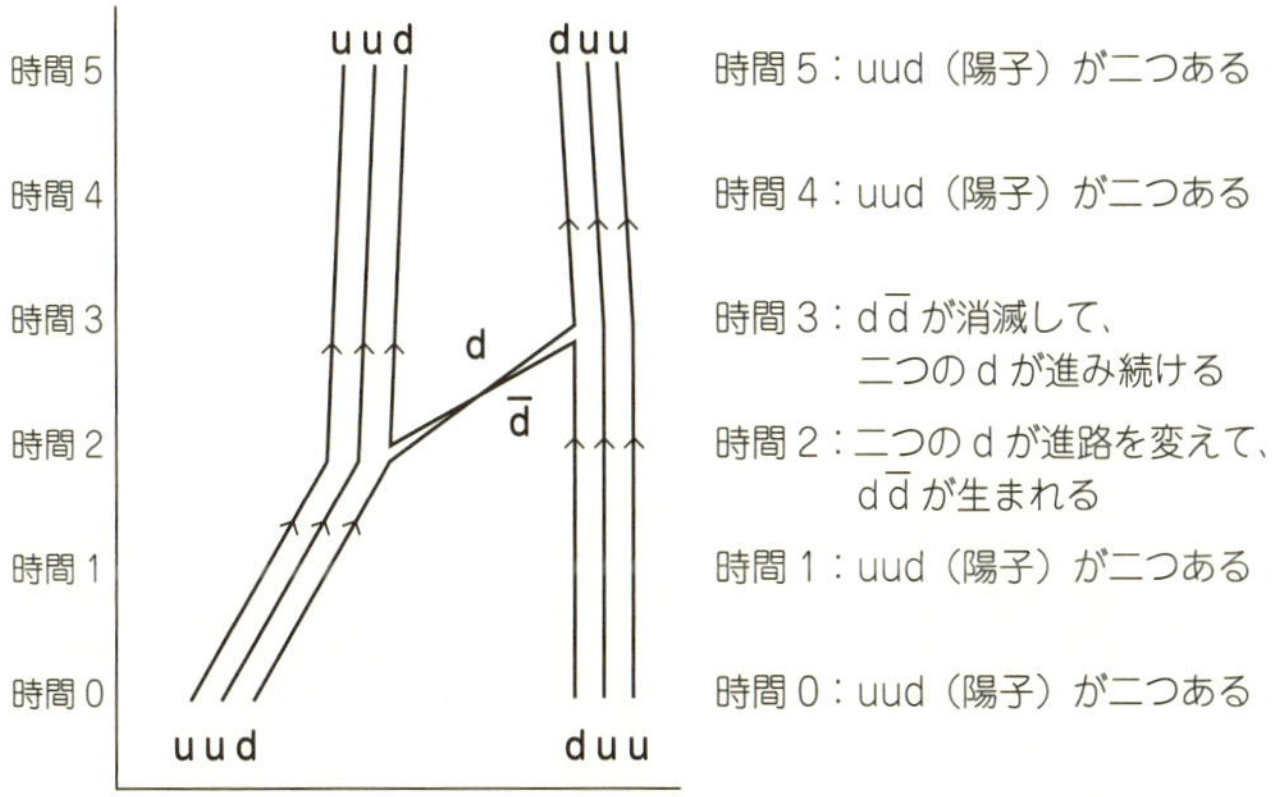
時間5
時間4
時間3
時間2
時間1
時間0
uud
duu
d
$\bar{d}$
uud
duu
時間5：uud（陽子）が二つある
時間4：uud（陽子）が二つある
時間3：d$\bar{d}$が消滅して、
二つのdが進み続ける
時間2：二つのdが進路を変えて、
d$\bar{d}$が生まれる
時間1：uud（陽子）が二つある
時間0：uud（陽子）が二つある

クです（￣《バー》は反粒子という意味です）。クォークと反クォークのペアは中間子（六七頁）です。

この図から二つの陽子同士が相互作用して、その間にダウンクォークを交換しただけということがわかります。

この図の縦軸は時間軸で、下が過去、上が未来です。

これらの線は、時間軸に沿って進んでいます。だから、右上から左下へ行く線は、逆行して過去に戻っているということです。

過去に戻る素粒子は、実は反粒子です。ダウンクォークが時間軸の過去の方向に進み始めたら、それは反ダウンクォーク。そういった様々な規則があるんです。

だから、「反粒子は電荷が逆」といいましたが、実は「時間を逆行すると反粒子になる」のです。要するに電荷がプラスかマイナスかというのは、時間を順行するか・逆行するかということです。まるでタイムマシンみたいですね。

量子場の計算を助ける「ファインマン規則」

まず、図を描いて、どれぐらいの確率でヒッグス粒子が壊れるかという計算をする。そうして見積もらないと実験をしても仕方がありません。あらかじめ計算をしておけば、どれくらいの確率でヒッグス粒子ができるかがわかるので、実験結果と理論計算のグラフを合わせられる。

だから「素粒子物理学とはなんですか？　十秒で答えてください！」と尋ねられたら、計算でシミュレーションをして、実際に巨大な加速器を組み立てて、実験で計算結果を再現する……それが素粒子物理学です、と答えるでしょう。

その際は量子場の計算になりますが、量子場の計算は数学がものすごく大変で、素粒子同士がぶつかる計算をしようとすると、毎日計算しても一年ぐらいはかかります。

最近はコンピュータが担ってくれるので大幅に時間が短縮されましたが、それでも量子場の計算をゼロからやろうとすると、とてつもなく時間がかかる。

かつて量子場の理論ができた直後は、物理学者が膨大な時間をかけて計算していました。一年間ほど大人数で計算をした結果を基に、一本の論文を書いていました。ところが、現在では大学院生が同じような計算を、数週間で終えてしまいます。しかもコンピュータは使いません。

もちろん、コンピュータを使えば一瞬です。基本的には、どういう粒子があり、どういう反応が起きたという入力をすれば、コンピュータが終わらせてくれる。私が大学院に行っていた二十～三十年前は、手計算でしたが……。

どうして、こんなに短期間で計算が終えられるようになったかというと、もう量子場までは戻らないからです。量子場の計算はとても大変なので、ファインマンが簡単な計算方法を発見しました。それが「ファインマン規則」です。

絵を描いて記号を割り振る。そして、全部をかけ合わせて計算する。そういった規則をファインマンが抽出してくれました。

しっかりとした計算で、量子場の計算と一致します。ファインマンはとても頭のいい人だから、誰でも計算できる方法、すなわち「ファインマン規則」を考え出したんですね。

もし、ファインマンがいなければ、量子物理学者は、今でも延々と気の遠くなるような計算をしなくてはならなかったでしょう。しかし、「ファインマン規則」を使うと、大学院生ぐらいのレベルであっても、数週間で計算できる。これは、ものすごいことです。そのときに「ファインマン図」を使用するのです。

複合粒子の種類

このように、「ファインマン図」を使えば、あらゆる素粒子や複合粒子の反応を理解することができるのです。

ここで、複合粒子について、もう少し詳しく見てみましょう。

複合粒子は陽子(ｕｕｄ)、中性子(ｕｄｄ)以外にも数多くあるという話をしました(七〇頁)。

次頁の図をご覧ください。このように粒子には多くの種類があります。これらの複合粒子はすべて三個のクォークからできており、その間をグルーオンという粒子が糊づけしています。

◆複合粒子はたくさんある（ハドロン図）

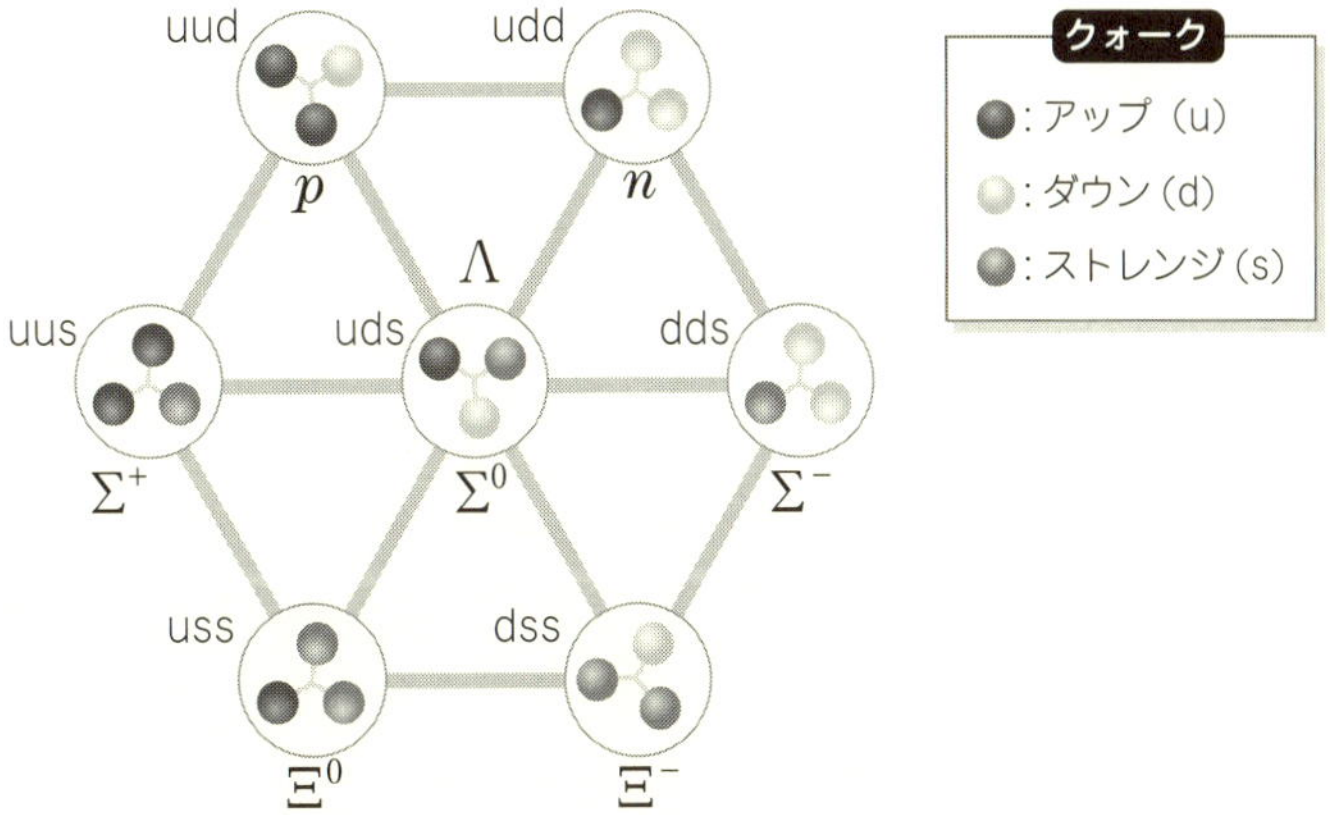

様々な種類の複合粒子がありますが、一番簡単なのが陽子p、中性子nです。

そのほか、ストレンジクォーク（s）が入った複合粒子のシグマ粒子（Σ）、グザイ粒子（Ξ）。このように違う組み合わせの複合粒子もありますが、陽子pと中性子n以外の複合粒子は重いのですぐに壊れてしまい、別の粒子に変わります。

基本的に重い粒子は不安定なので、それよりも軽い粒子に変わろうとします。

なぜ中性子と陽子が安定しているのでしょうか。

それは、三個のクォークで構成されている粒子の中で、これ以上に軽くて小さな粒子はないからです（他の粒子には「変身」

できないサイズということです）。

複合粒子は、高エネルギーにより実験的につくることができます。

重さの違う複合粒子ハドロン（バリオン、中間子）

クォークからできている複合粒子を「ハドロン」といいます。ハドロンは「強い」という意味のギリシア語で、日本語では「強粒子（強い粒子）」という意味です。要するに、「強い力」でクォークがつなぎとめられているということです。クォークの組み合わせにより様々な粒子があり、ハドロンにはバリオンと中間子（メソン）という粒子があります。

それに対して、クォークからはできていない「電子のような軽い粒子」がレプトンです（四四頁）。

かつての素粒子実験では、わけのわからない粒子がたくさん出ており、研究者は混乱していました。「実験をするたびに新しい素粒子が発見される」と皆が思っていました。

そこに登場したのがクォークモデル（クォーク模型）です（七〇頁）。たった六種類のクォークの組み合わせにより、素粒子の一覧表が整理されました。

それぞれの重さを見ていきましょう。

バリオンは、ギリシア語で「重い粒子（重粒子）」という意味です。名前の通り、クォーク三個からなる複合粒子で、重い粒子です。クォークからできているから重くなるというわけです。

レプトンは軽い粒子です（クォークよりも軽い）。

ちなみに、中間子（メソン）はクォーク二個（クォークと反クォーク）からできているので、その中間の重さです。

いわば、相互作用で結びついている複合粒子の総称が「ハドロン」なのです。

加速器LHCとLEPの由来

欧州原子核研究機構（CERN）で使用されている加速器LHCと、その前身であるLEPについては一九頁でご紹介しました。

強粒子（ハドロン）は、この加速器のネーミングの中に隠れています。

LHCは「Large Hadron Collider」の略ですが、Hはハドロン（Hadron）のことで

す。

「Hadron」とは「強い相互作用をする粒子」で、いい換えると、クォークからできている粒子（中間子とバリオン）。「Collider」は「衝突器」という意味ですね。

「Large Hadron Collider」は「大型ハドロン衝突型加速器」と訳されていますが、つまりは「クォークからできている粒子を衝突させる巨大な加速器」という意味です。

ヒッグス粒子に関する報道でＬＨＣがたびたび紹介されていますが、Ｈにあたる「ハドロン」については説明に手間がかかるため、省略されることが多いのです。しかし、ヒッグス粒子を理解するためにも、とても重要な説明だと思います。


ＬＨＣの前身は、ＬＥＰ（Large Electron–Positron Collider）でした。ＬＥＰはＬＨＣと同じく、山手線と同じ大きさのトンネルを使っていました。「Large」は「大型」、Ｅは「Electron（電子）」、Ｐは「Positron（陽電子）」です。

つまり、ＬＥＰは「電子と陽電子を衝突させる巨大加速器」という意味です。

ＬＥＰもＬＨＣも言葉の意味さえわかってしまえば、「どんな実験を行なっているのか」がとてもよくわかるネーミングですね。

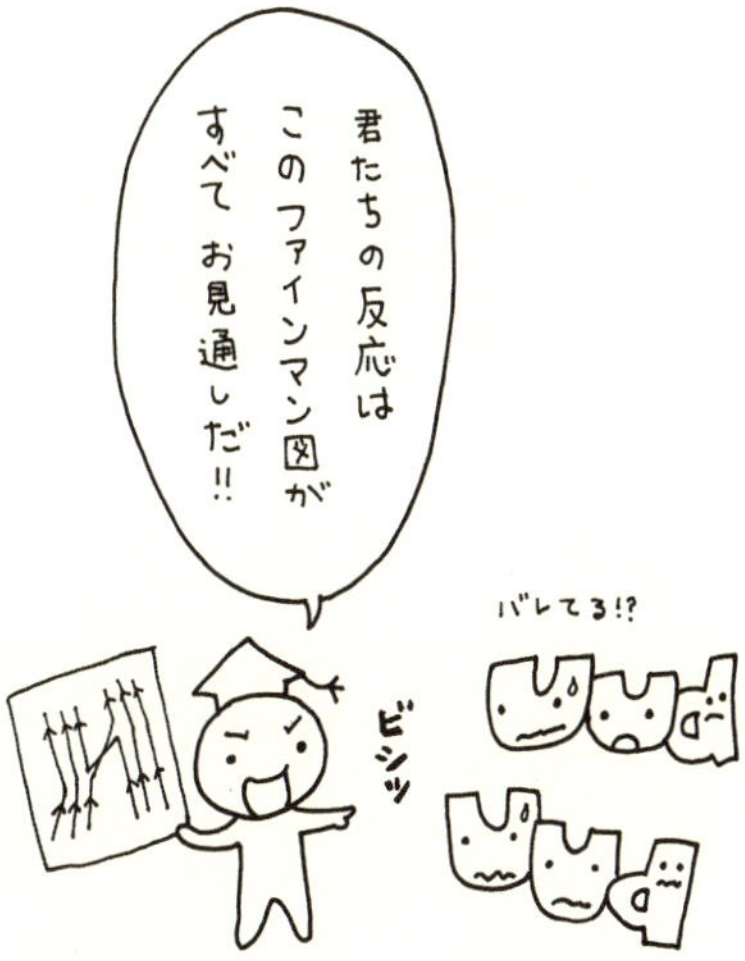
君たちの反応は
このファインマン図が
すべて お見通しだ!!
ビシッ
バレてる!?

「超ひも理論」って何？

「素粒子論」と「究極理論」

そもそも、素粒子は何からできているのでしょうか？

現在の素粒子論では、「重力」は考慮されていません。どうして重力は関係ないのでしょうか？　素粒子は素粒子同士の重力相互作用（要するに重力）、すなわち万有引力により引きつけ合っています。しかし、素粒子はあまりにも軽いので、重力と比べると、電磁力、強い力、弱い力（五二頁）の相互作用の方が圧倒的に強いのです。素粒子レベルでは、重力はほかの「三つの力」と比べて四〇桁ほど小さく、その相互作用はほとんどゼロといっていい。

加えて、実験精度は四〇桁もないので、重力の影響を計算してもまったく意味がありません。そのため、素粒子物理学では基本的に重力を無視しています。

現在、宇宙には「強い力」「弱い力」「電磁力」「重力」という四つの力があることがわかっています。「素粒子論」は、このうちの重力は無視して、三つの力だけを考慮して計算をしているんです。

暫定的には、それでもかまいません。しかし、素粒子が何からできているのか、その構造はどうなっているのかを追求していくと、最終的には重力も組み込んだ四つの力のすべてを説明する「究極理論」が必要になります。重力を無視している限りは、近似の値に過ぎないということですね。

点粒子と重力

それと関連する話ですが、「素粒子の大きさはどのくらいなのか」という問題があります。

「素粒子は小さなブラックホールである」という話をしましたが（七八頁）、「その穴の大きさはどのくらいなのか」という問題があるわけです。

現状の素粒子論では「素粒子は大きさのない点」として考えます。穴ではあるけれど、その穴は無限に小さいと考える。

その際、物理学者は「点粒子」という言葉を使います。この言葉はニュートンが最初に唱えました。ニュートンがすごいのは、重力の計算をするときに、地球や太陽を「点」と考えたところです。これはきわめて大胆で面白い考え方ですね。

アイザック・ニュートン
（一六四三〜一七二七）

地球や太陽といった天体は「球」で、大きさがあります。ところが、その重さを「中心の一点に集中している」と仮定すれば、計算ができる。だから、天体力学では、太陽も地球も「点」として計算しています。

天体は拡がりを持っていますが、完全な球だと仮定して、大きさを縮めていくと、その重さは中心の点に存在するというふうに計算できる。

そうすると、精密な計算とまったく同じ結果が出ます。点粒子として扱って計算しても、計算結果が完璧に一致する。

「球状に拡がった物体の重さが中心の一点に存在すると仮定してもよい」という定理があります。

わざわざ球状に拡がった状態で重力を計算すると大変です。地球の各点には様々な物質があるわけですから、同じ密度で分布しているという条件があったとしても、それをすべて考慮して計算すると煩雑になってしまいます。

だから、天体力学の研究者たちは「天体は大きさのない点」というふうに考えています。実際の天体は完全な球形ではありませんし、重さの分布も均一ではないのですが、非常によい近似で重力の計算ができるのです。すべてニュートンという天才のおかげです。

もっとも素粒子論ではその重力を無視しているのですから、点粒子と考えても、あまり恩恵はないように思われます。しかし、電磁力は重力と非常に似ているんです。ですから、素粒子の相互作用を計算するとき、点粒子だと考えると、電磁力については計算がしやすい。もちろん、重力は引力だけであるのに対して、電磁力は引力と斥力の両方があり、完全に同じというわけにはいかないのですが……。

素粒子に出てくる他の二つの力は、重力には似ていません。グルーオンの「強い力」は、バネのような性質を持っています。たとえば、陽子はクォークが三個くっついていますが、それらのクォークを引っ張ってはがそうとしても、元へ戻ってしまう。それは、グルーオンがあるからです。グルーオンは、バネと同じような性質を持っています。

また、ウィークボソンの「弱い力」も重力には似ていません。

ところで、素粒子論において、いろいろな計算をしようとすると、無限大の計算結果が出てしまうことがあります。その原因の一つは点粒子という仮定にあります。

学校で教わるクーロンの法則は「電気の力は距離の二乗に反比例する」というものでした（ほとんどの人は学校を出たら使わないので、クーロンという名前も忘れてしまいますが！）。それはニュートンの万有引力（＝重力）の法則と同じ形をしており、「逆二乗則」と呼ばれています。距離の二乗分の一、すなわち反比例するから「反」なんです。問題は、二つの素粒子同士の距離がゼロになったときに、電磁力がどうなるかです。ゼロの二乗分の一は……無限大になってしまうのです！（だから、学校では、「ゼロで割ってはいけない」と教わるわけです。）

天体の重力計算のときは、あくまでも「本当は大きさがあるのだけれど、点だとみなして計算する」という大前提があります。ブラックホールでさえ、その半径をきちんと定義することができます。

でも、素粒子を点粒子とみなすのは、「本当はどういう大きさかわからないから、とりあえず点にしておこう」ということでしかありません。実際、不確定性がありますから、素粒子の形や大きさはきちんと決まるはずがないのですね。不確定の度合いをそのまま素粒子の大きさとみなすことも可能なのですが……。素粒子は、天体の重力計算みたいにすっきりと割り切ることができず、なんとも気持ちが悪いんですね。

「超ひも理論」の誕生

そうすると、「それではいけない。素粒子には拡がりを持った理論が必要だ」という研究が出てきます。物理学の中でも、特にこの分野は日本人が活躍しています。たとえば、物理学者の後藤鉄男さん（一九三一〜一九八二）の『拡がりをもつ素粒子像』という著作は有名です。

後藤鉄男さんと、ノーベル賞を授賞した南部陽一郎さんが、ほぼ同時期に「拡がりをもった素粒子」の論文を書きました。それが、現在の「超ひも理論」です。

「超ひも理論」は、つまりこういうことです。

「大きさのない点に拡がりを与えたら、何になるか」。先ほどの「地球」を「点」と考える例もそうですが、普通は「球」と考えますよね。

ところが、幾何学（図形について研究する学問）の発想では、「点」の次に拡がりを持っているものは「線」です。「点」があって、それを一方向に引きのばすと「線」になる。その「線」を上に引っ張ると「面」になる。それらを〇次元（大きさのない点）、一次元（線）、二次元（面）といいます。

面をまた引っ張ると、さいころの形になりますね。それを三次元といいます。だから、「次元」とは、実は「方向や拡がり」という意味です。

〇次元（大きさのない点）は、方向や拡がりがない（ゼロ）ということ。

一次元（線）は、方向や拡がりが一つの方向しかない。

二次元（面）は、その拡がりが二つの方向がある。グラフでいうと、x座標とy座標のあるグラフ用紙をイメージしてください。

三次元になると、さらにz軸が加わります。

そして、アインシュタインが現れて、四次元、つまり四つ目の方向は「時間」であると唱えました。「縦、横、高さという三次元＋時間という軸があり、これが四次元目だ」と主張したんですね。

◆点と線の考え方

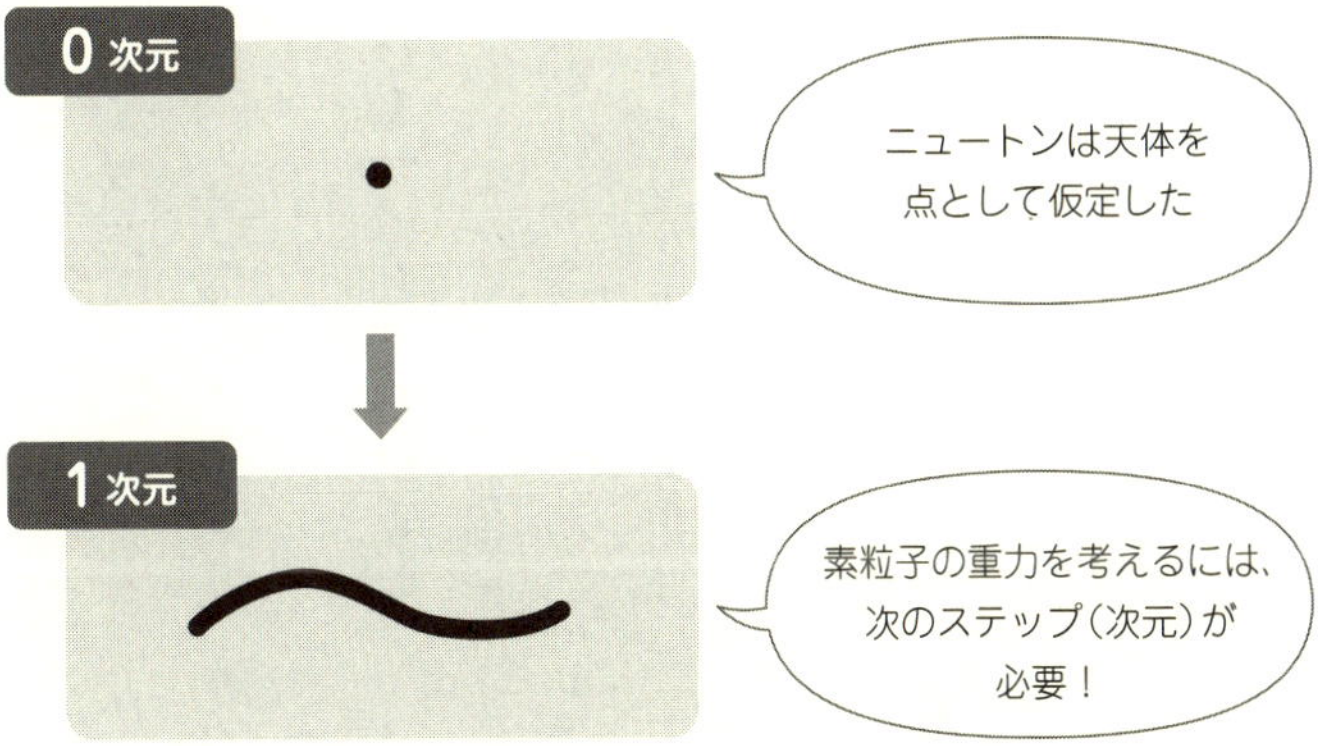
0次元
ニュートンは天体を点として仮定した
1次元
素粒子の重力を考えるには、次のステップ（次元）が必要！

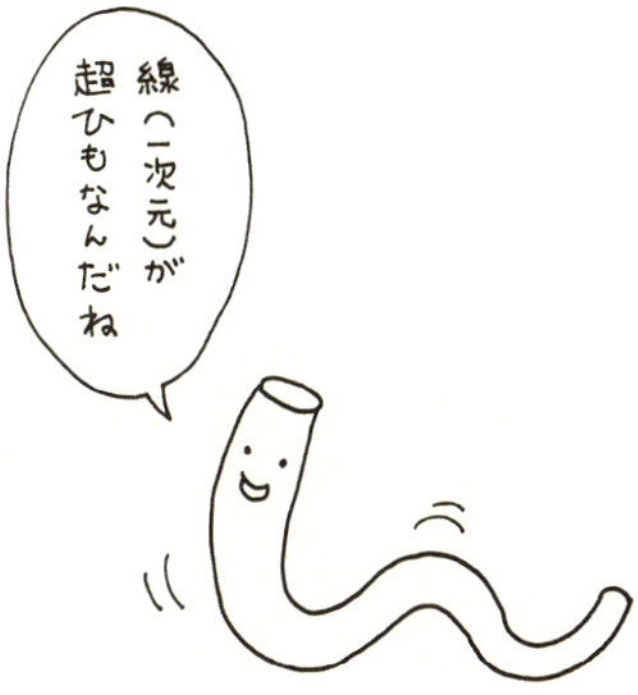
線（一次元）が超ひもなんだね

現在の理論から、一つ一つ次元を拡げると、点（〇次元）の次に考えるべきものは、線（一次元）です。それを「ひも」と呼んでいます。

だから、「点粒子だった素粒子が拡がりを持つ＝線になる」ということです。

「超ひも」はとても小さい

線といっても、それは非常に小さな線分です。

大きさが、$\frac{1}{10^{33}}$センチメートル。10^{33}は、一の次にゼロが三三個ついている。ですから、$\frac{1}{10^{33}}$センチメートルは、一センチメートルを一〇で三三回割った大きさです。

一回割ると一ミリメートル、二回割ると〇・一ミリメートル。もう肉眼では見えない大きさですね。

ちなみに、原子の拡がり――「確率の雲」の大きさは、だいたい一センチメートルを一〇で八回割った大きさです。それでも、まだ八回。

そこから、さらに二五回割らないと、「超ひも」の大きさにはならない。それぐらい短いものです。

もちろん、南部、後藤の二人だけが、この研究を始めたわけではありませんが、この二人は「超ひもの方程式」の論文を出したんですね。そのため、「南部・後藤」という名前は、超ひもの教科書に必ず出てくるほど重要な存在です。

超対称性の「超」のはなし

ところで、「超ひも理論」の「超」は、超対称性の「超」です。英語なら「super《スーパー》」。スーパーマンやスーパーマーケットのスーパーと同じです。いったい超ひも理論の何が「スーパー」なのでしょうか。

実は、現在の素粒子一覧表には一頁だけでなく、「二頁目」があるかもしれないのです。ほぼ倍の数の素粒子があるのではないか。しかも、その二頁目の素粒子たちは、一頁目とは逆の性質を持っているらしい。逆といっても、「電荷」が逆なのではなく、「回転」の性質が逆になっているんです。

前に素粒子の特徴が「質量」「回転」「電荷」の三つだといいました。そして、物質をつくっている電子やクォークは回転が二分の一、力を伝える光子やウィークボソンなどは回転が一だといいました。

素粒子一覧表の二頁目には、電子やクォーク、光子などに対応する素粒子があります。ええと、隠れた相棒がいるようなイメージです。でも、電子の相棒は回転が（二分の一ではなく）ゼロですし、光子の相棒は回転が（一ではなく）二分の一なのです。要するに、ボソンの相棒はフェルミオン、フェルミオンの相棒はボソンになっている。

この、回転が「逆」の相棒がいるために「超」がついているんです。素粒子一覧表の二頁目は「超対称性粒子」と呼ばれています。

次頁の表をご覧ください。上段が現在の素粒子の一覧表で、下段が対になっている超対称性粒子の一覧表です。何が違うかというと、回転状態が違います。

二頁目で、光子の半分の回転状態を持ったものを「フォティーノ」といいます。光子（フォトン）に対してフォティーノ。また、電子の相棒で回転状態がゼロのものを「スカラー電子」といいます。ほかにも、ヒッグス粒子に対しては「ヒッグシーノ」がありますす。現在の素粒子一覧表とほぼ同じ数の相棒がいるんですね。

「素粒子は倍の数が存在する」というのが「超対称性」です。

「超ひも理論」は、このように「超」の世界をうまく記述する、長さを持った素粒子論なのです。

◆素粒子の裏の顔――超対称性粒子

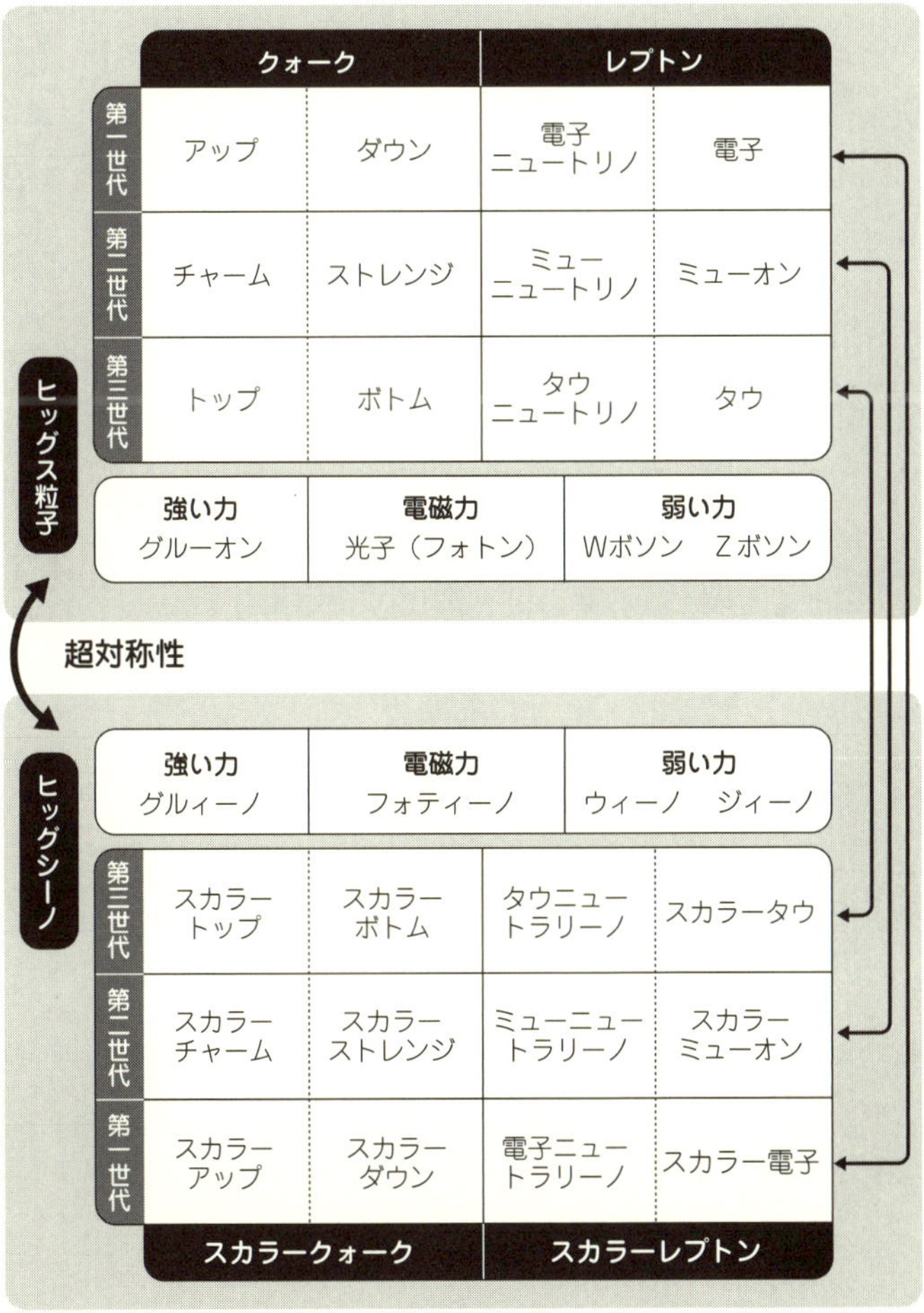
クォーク
レプトン
第一世代
アップ
ダウン
電子ニュートリノ
電子
第二世代
チャーム
ストレンジ
ミューニュートリノ
ミューオン
第三世代
トップ
ボトム
タウニュートリノ
タウ
ヒッグス粒子
強い力
グルーオン
電磁力
光子（フォトン）
弱い力
Wボソン　Zボソン
超対称性
ヒッグシーノ
強い力
グルィーノ
電磁力
フォティーノ
弱い力
ウィーノ　ジィーノ
第三世代
スカラートップ
スカラーボトム
タウニュートラリーノ
スカラータウ
第二世代
スカラーチャーム
スカラーストレンジ
ミューニュートラリーノ
スカラーミューオン
第一世代
スカラーアップ
スカラーダウン
電子ニュートラリーノ
スカラー電子
スカラークォーク
スカラーレプトン

「超ひも理論」の主役はDブレーン

重力子（グラビトン）は輪ゴムの形

それでは、「超ひも」の話に入っていきましょう。

実は、その小さな「超ひも」は、現在は「超ひもだけではない」ことがわかっています。「超ひも」から始めてみたけれど、理論を構築しているうちに、何か別のものが存在することが明らかになりました。

それが本当に奇妙な話なんです。一九八〇年代から一九九〇年代はじめにかけて、私が大学院で「超ひも理論」を勉強していたときは、そんなものが存在するとは誰も思っていませんでした。その当時は、「超ひも」だけでした。

そのような「超ひも」だけの状況で、ある人が変なことをいい出したんです。

そもそも「超ひも」は二種類あり、それらは、つながって輪ゴムみたいな形をしているか、完全に切れている線分状のどちらかの二種類があるというわけです。

そのうちの一種類「輪ゴムみたいな形をしたもの」が、「重力子（グラビトン）」です。

素粒子論では、「力を伝える素粒子」には「グルーオン」「光子（フォトン）」「ウィークボソン（W粒子、Z粒子）」があるといいました（五二頁）。

実は、これまで素粒子論では無視してきましたが、同じグループに重力を伝える素粒子もあるはずです。それがグラビトンなんです。そして、その正体は輪ゴムのような「超ひも」です（そういう仮説です）。

それでは、もう一種類の「完全に切れている線分状の超ひも」とは、いったい何なのでしょうか。

超ひもが閉じているか・開いているか

「ひも」について、私たちは学校で「波」と絡めて教わります。中学や高校で「ひも」が出てくるのは、振動を学ぶときでした。

「ひも」とは、こういうことです。

「ひも」を揺らすにはいくつかの方法があります。ひもの端を固定して揺らす方法と、端を固定しないで揺らす方法です。

端を固定して揺らすと、端の部分は「節」になります。上に行ったり下に行ったり……という「腹」にはなりません。腹は端でない部分にできます。その腹の数は一つとは限りません。揺らし方によって、できる腹の数は変わります。

ギターのような楽器をイメージするとわかりやすいかもしれません。弦が超ひもにあたります（実際、超ひも理論を超弦理論と呼ぶ人もいます）。ギターを弾くとき、弦の振動を指で押さえますよね？　するとその部分は固定されて、揺れることができなくなります。指で押さえた所が「節」になり、自由に動ける部分に「腹」ができます。

さて、超ひもの片方の端だけを固定した場合はどうなるのでしょうか。

片方だけを固定して揺らすと、もう片方の端は自由に揺れることができるので腹になります。

超ひもからDブレーンへ

「超ひも」がどういう揺れ方をするかは計算できます。

◆ギターの弦と振動の仕方

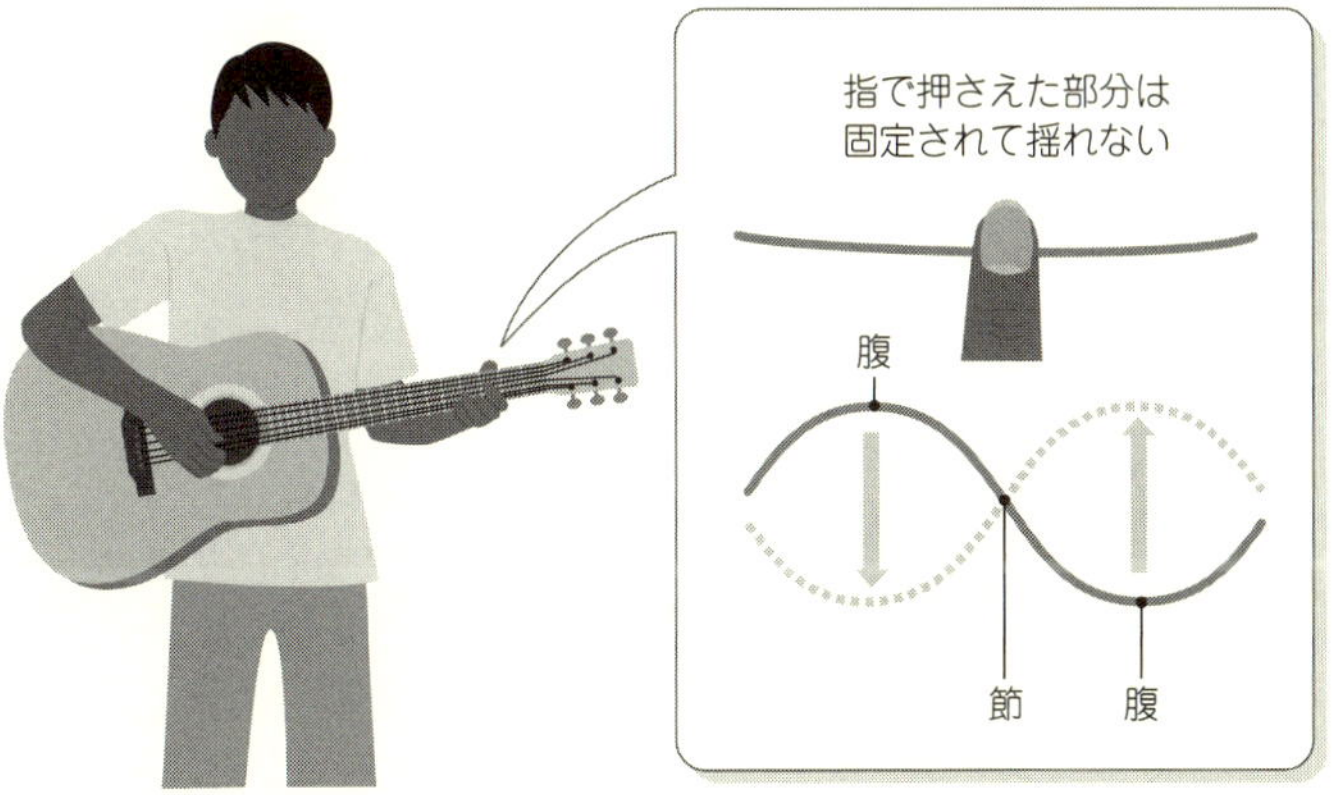

それを（ちょっと難しい言葉ですが）「境界条件」といいます。学校では、波やひも、振動を勉強するときは、超ひもの境界条件——つまり端っこが固定されているか・固定されていないか——を決めて、それによってどういう振動の仕方（モード）をするかを学びました。

「境界条件」とは、要するに、ひもの端が閉じているか開いているか（固定されているか自由か）ということです。

さて、ちょっと変わった境界条件を考えてみましょう。先ほどのようにギターの弦を思い浮かべてください。ただし、弦は点ではなく平面に固定されています。鉄板にギターの弦の端がくっついているイメージです。ただし、弦の端は完全に固定されているのではなく、磁石でくっついているのです。磁石ですから、弦の端っこは、鉄板の上を動くことができます。ちょうどアイススケートみたいな感じです。でも、弦の端っこは鉄板から離れることはありません。

このような変わった境界条件を「Dブレーン」と呼びます。

DブレーンのDは、偉大な数学者のペーター・グスタフ・ディリクレという人の名前に由来しています。

ペーター・グスタフ・ディリクレ
（一八〇五～一八五九）

微分方程式には「ディリクレ境界条件」というものがありますが、その「D」です。

また、ブレーンは「メンブレーン（membrane）」という英語からきています。「面、膜」という意味ですね。

だから、「Dブレーン」は「ディリクレ境界条件であったはずの膜」という意味です。ええと、「であったはずの」という怪しい表現に気をつけてください。

ちょっと混乱するかもしれませんが、超ひものひもはギターの弦に相当し、膜はもちろん、ギターの弦がくっついている鉄板に相当します。ギターの弦にとって鉄板は境界条件であり、超ひもにとって膜は境界条件になります。

ただ、ギターの弦と鉄板の場合は、最初から鉄板があることは誰の目にも明らかです。ところが、超ひもとDブレーンの場合、最初はどこにも膜なんてなかったのです。あるのは超ひもだけで、その超ひもの端っこの揺れ方、すなわち「境界条件」だけがあったのです。境界条件というのは、抽象的・数学的な産物であり、実体はありません。

考えてみると、空間に超ひもだけがフワフワと浮いていて、でも「透明な鉄板に端っこが磁石でくっついているかのような」境界条件だけがある、というのは不自然ですよね。でも、超ひもを研究していた人々は、いつも数学ばかり考えているので、それが当たり前だと思っていました。

で、ある人が「おいおい、ちょっと待てよ。超ひもの端っこには何か膜みたいな実体があるんじゃないのか」といい出した。まるで裸の王様みたいな状況です。素朴な疑問を口にした子供がいたようなものです。

ですから、この「膜があるのでは？」といった人が変だったのではなく、膜もなんにもない空間で、超ひもの端っこだけが固定されていると考えていた大多数の研究者の方が、本当は変だったのですね。

私も大学院の博士課程で超ひもを専門的に学びましたが、偉い物理学者が書いた、権威ある超ひもの教科書に「境界条件」と書いてあると、そのまま鵜呑みにしてしまうんです。誰も「その超ひもの端っこがくっついている実体は？」などという疑問を抱かないんですね。現代物理学があまりにも抽象的かつ数学的になってしまった弊害かもしれません。

現在では、「Dブレーン」という境界条件が、超ひもとペアになる物体というイメージで、物理学者は語っています。

境界条件によって、数学で方程式を解くときに答えが変わるわけです。ギターでいうならば、境界条件、すなわち指で弦を押さえることによって音色が変わる。

次頁の図のように、「Dブレーン」には、超ひもがつながっています。繰り返しになりますが、このつながっているところは、実はスケートのように動ける。完全に固

◆Dブレーンと超ひも

Dブレーンに二本の開いた超ひもがつながっている

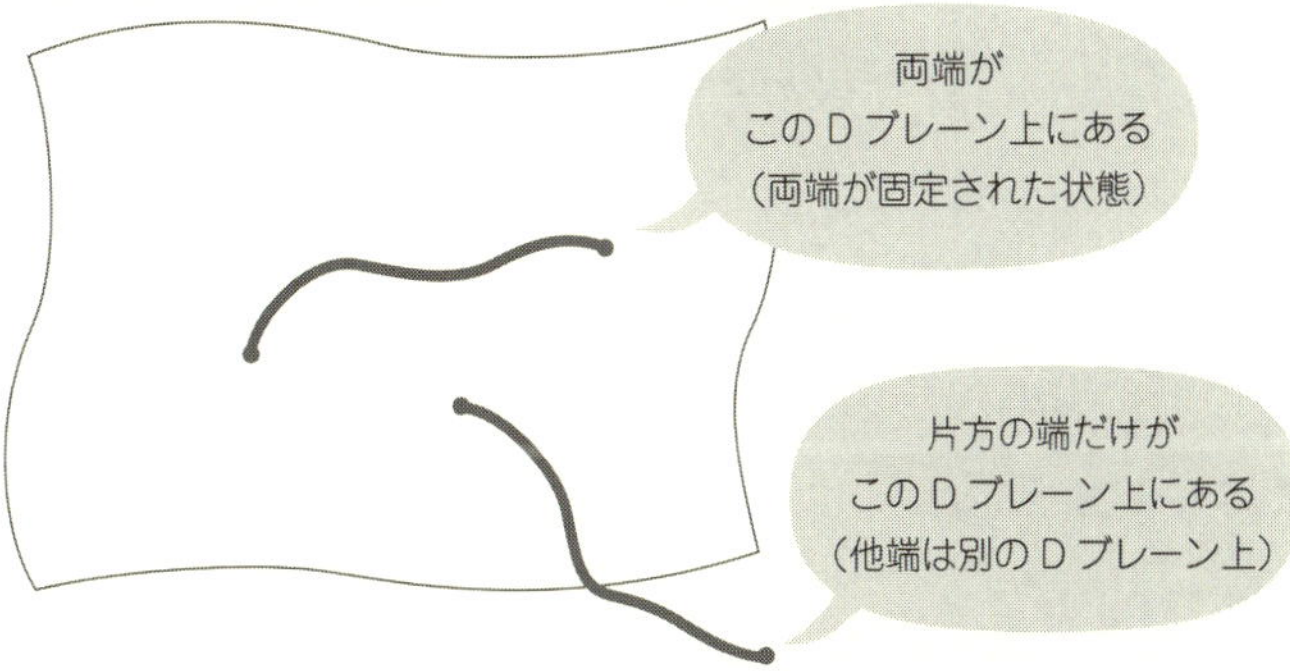

定されているわけではなくて、磁石で壁にくっついているような感じです。

「超ひもの片方が、ある平面上に固定されている」というのは、最初は「境界条件」がでした。しかし、いまや「境界条件」が「超ひも理論」の主役です。

ただの「境界条件」であったはずのDブレーンがいまや主役で、Dブレーンの表面から飛び出たものが「超ひも」という話になりました。こうなると、「超ひも」はある意味では脇役です。

先ほどは鉄板をイメージしてもらいましたが、実はDブレーンは振動します。だから、硬い鉄板のようなものではなく、むしろぶよぶよとした有機的な感じです。

◆一七種類の素粒子（まとめ）

物質をつくる素粒子（フェルミオン）

クォーク 質　量：重い スピン：$\frac{1}{2}$	アップクォーク 電　荷：$+\frac{2}{3}$	u	ダウンクォーク 電　荷：$-\frac{1}{3}$	d
	チャームクォーク 電　荷：$+\frac{2}{3}$	c	ストレンジクォーク 電　荷：$-\frac{1}{3}$	s
	トップクォーク 電　荷：$+\frac{2}{3}$	t	ボトムクォーク 電　荷：$-\frac{1}{3}$	b
レプトン 質　量：中〜軽い スピン：$\frac{1}{2}$	電子　質　量：中 電　荷：−1		ニュートリノ　質　量：軽い 電　荷：0	
	電子	e	電子ニュートリノ	ν_e
	ミューオン	μ	ミューニュートリノ	ν_μ
	タウ	τ	タウニュートリノ	ν_τ

力を伝える素粒子（ボソン）

ボソン スピン：1	強い力	グルーオン 質　量：0 電　荷：中性	g	クォーク同士をくっつけて、原子の中心に固める
	電磁力	光子（フォトン） 質　量：0 電　荷：中性	γ	反発力と寄せ合う力を生み出す（電気や磁気の力を伝える）
	弱い力	ウィークボソン W粒子　質　量：あり 電　荷：±1 Z粒子　質　量：あり 電　荷：0	W (W+、W−) Z	ニュートリノの働きに関与する
ボソン スピン：2	重力	重力子（グラビトン） 質　量：0 電　荷：0		重力の力を伝える
ボソン スピン：0		ヒッグス粒子	H	質量をつくっている

とにかくDブレーンがあり、エネルギーを持つ。そうすると、そこから「超ひも」が出る——場から粒子が飛び出る——というイメージです。

Dブレーンは「たくさんの超ひもが集まって、こんがらがり、固まった状態」と考えることもできます。そこから「超ひも」がピョコッと出てくるわけで、Dブレーンは本当に変わっています。

超ひも理論の主役はDブレーン
ガーン
僕じゃないの?

モノからコトへ

思考の流れは「モノからコトへ」

私は最近の物理学の思考は「モノからコトへ」という流れなのだと考えています。かつての物理学は「モノ」を扱っていたので、私たちは具体的にイメージすることができました。しかし、最近の物理学は「コト」を扱っています。「素粒子は穴」とした時点から、もうそれは「モノ」ではありません。

素粒子や量子場は「モノ」じゃない、と述べました（八二頁、一〇一頁）。「超ひも」に関しても同様です。

「超ひもの端がどうなっているか」ということが対象になり、Dブレーンが主役になり、そこから超ひもが飛び出しているという話になっている。

これは「モノからコトへ」という変化です。「モノ」で考えようとしてはだめです。

そういう意味では、絵画の世界が「具象画から抽象画へ」となった流れと、まったく同じです。あれは何らかの「モノ」を描いているのではなくて、何らかの「コト」を描いています。

同様にDブレーンの世界も、「超ひも理論」を当初は「モノ」として考え始めましたが、必然的に境界条件という「コト」が出てきました。

その「コト」であるDブレーンから、超ひもがピョコッと出ている。「モノ」である超ひもは脇役です。

Dブレーンの配置は段ボールとちょうつがいのよう

「拡がりを持つ素粒子」という発想から、小さな「超ひも」が考え出されました。しかも「閉じた丸い超ひもが重力」なので、「重力理論」を含んでいるわけです。

それでは、残りの「三つの力」やこれまでに登場したその他の素粒子はどこに行ったのでしょうか。

次頁の模型をご覧ください。

輪切りにした図と考えてください。この面はDブレーンです。

二つのDブレーンが向かい合って一組になる。その間を超ひもがつないでおり、そ

◆二枚のDブレーン

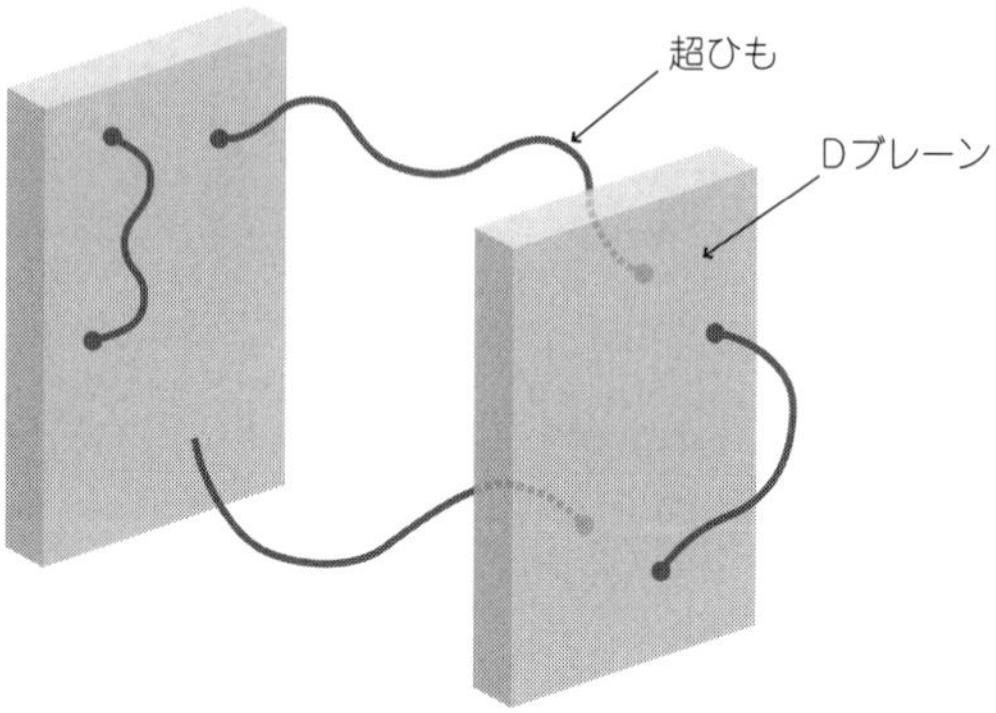

れが三組あるということです。

数多くのDブレーンが並んでおり、その間をつないでいるのが超ひもです。そして、「Dブレーンの間を超ひもがちょうつがいのようにつないでいるコト」が、電子やクォークなどの素粒子を表すのです！

うーん、つまり、Dブレーンと超ひもの一種の「配置」というか関係のことを、われわれは電子とかクォークと呼んでいるんですね。これが現在の「超ひも理論」――つまり「Dブレーン理論」によって説明される、現存する素粒子の状態です。

Dブレーンの配置は、まるで段ボールのようですね。その段ボール（Dブレーン）の間を、ゴム（超ひも）がつないでいるというイメージです。

しつこくてすみませんが、こうなっている「コト」を、私たちは電子やクォークと呼んでいます。本当にわかりにくいですね。

しかし、「Dブレーン理論」や「超ひも理論」は、このように考えると、素粒子の「重さ」「回転状態」「電荷」が数学的にうまく説明できるんです。

とにかく「モノ」という観点で考えていては、現代の素粒子論は理解できません。

重力はどうやって伝わる?

それでは、重力はどうやって伝わるのでしょうか。

Dブレーンが二枚あるとします。

ぶよぶよしたDブレーンから「超ひも」が出て、ちぎれ飛んで輪っかになり、別のDブレーンに向かって飛んでいく。そして、別のDブレーンに吸収されます。それが、重力が伝わるということです。

なんだか狐につままれたみたいな印象ですよね。輪っかの形の超ひもが重力子であり、それはDブレーンから湧き出て、フワッと飛んでゆく。Dブレーンの上で、両端

（両足？）がくっついた超ひもがスケートしています。そのようなスケーターがぶつかると、その衝撃で超ひもはDブレーンから舞い上がってしまいます。そのとき、超ひもは輪っかになります。輪っかはどんどん飛んでいって、別のDブレーンに着地！

これが重力という力が伝わるメカニズムだというのです。

というわけで、先ほどの奇妙な段ボールのような配置により、すべての素粒子が記述できますし、重力がどうやって伝わるかも理解できます。

「超ひも理論」と「Dブレーン理論」を用いれば、現代の素粒子論はうまく説明できます。ただし、実験精度が現状ではあまりにも低い。

というよりも、素粒子の世界は、一センチメートルを一〇で三三回割る世界なので、実験ができません。本当にそうなっているかどうかを証明できないんです。

比喩的ないい方をすると、私たちはミクロの世界がどうなっているのかを調べるために、顕微鏡でだんだんと拡大していきますね。

精度の高い顕微鏡は「光」を使って見るので、光そのものがどうなっているのかを調べるときには顕微鏡は使えません。「顕微鏡の倍率が足りないので、段ボール（Dブレーン）もゴム（超ひも）も見えない」ということです。

◆重力の伝わり方

①スケート場（Dブレーン）で超ひもがスケートをしている

②二本の超ひもがぶつかり、 一つの輪になる

③ぶつかった衝撃で輪が
スケート場から舞い上がり……

④別のスケート場（別のDブレーン）
に着地する＝重力が伝わる

ただ、そういう数学的な理論を用いることで、現在の素粒子が持っている電荷や重さ、回転状態は説明できるということですね。

Dブレーンは十一次元に

Dブレーンは、一五八頁の図のように段ボールのような形であり、十一次元の世界に棲んでいます。

○次元、一次元、二次元、三次元。

そして、アインシュタインにより四次元が提唱されました。さらに七つの方向「七次元」をプラスした十一次元が、「超ひも」が棲んでいる空間です。

十一次元のうちの一次元は「時間」ですから、「空間」の拡がりが一○あるということです。だから軸はx、y、zの三軸のほかに、a、b、c、d、e、f、gの七軸がある。

私たちの頭では、三つまでしか軸は描けません。四つ目の軸からはもう想像はできませんが、存在はする。そうしないと、理論は整合的に組み立てられないんですね。

物理学者は数学的な整合性だけで考えます。だから、整合性がとれる理論が必要になり、十一次元が生み出されました。

すごいですね、どんどんと飛躍していく。これがまさに「モノからコトへ」です。空間の拡がりも、かつては四次元でも驚いていましたが、五次元目、六次元目、さらに進んで十一次元目もある、という話になっています。

ただし、これは仮説です。確かにうまく説明はできますが、本当にそうなっているかどうかはわかりません。すべては、巨大で数学的な妄想体系かもしれません。数学としては成立するけれど、物理学としてこの自然界が本当にそうなっているかどうかはわからない。

しかし、「こんなにうまく説明できるのだから……」と研究者は超ひもとDブレーンの存在を信じているんですね。

Part 3

時空と宇宙創世のはなし

素粒子と宇宙誕生のはなし

素粒子屋と相対論屋は用いる理論が異なる

最近は、素粒子を研究する人たちと、宇宙を研究する人たちが融合しています。私が大学院にいた一九八〇年代頃だと、二つはまったく別の研究でした。「理論屋と実験屋は別」という話を紹介しましたが（二二頁）、同じように「素粒子屋」と「相対論屋」もまったく別の理論屋で、同じように彼らも仲が悪いんです。

素粒子屋は、物質を構成するもののうち、一番小さいものを研究する人々。片や相対論屋は、宇宙全体という超巨大なものを研究する人々。彼らは用いる理論が異なり、お互いに相容れません。

素粒子屋が使うのは、基本的にはアインシュタインの「特殊相対性理論」と「量子電気力学」「量子色力学《りょうししきりきがく》」など、素粒子論の理論です（一九五頁）。

相対論屋で宇宙論の人たちが使うのは「一般相対性理論」です。

実は、「一般相対性理論」と「量子力学」というのは相性が悪い。適用範囲が全然違うので、仕方ないのですが……。

「一般相対性理論」は、超巨大なものに適した理論・重力だけに効く理論。

「量子力学」というのは、重力がないところで効いてくる理論。

つまり、お互いに相手を無視した状況でうまくいく理論なので、つながらないんです。

ところが、最近の若手の物理学者は、「一般相対性理論」と「量子力学」の両方をやっているんですよ。どうしてかというと、初期宇宙の話が出てくるからです。

初期宇宙はもうすぐ見られる？

現在では、約一三〇億光年ぐらい先にある、生まれたての星を観測できるようになりました。ということは、今よりもずっと小さい、百三十億年前の宇宙が見えるということです。

今後研究が進んでいくと、宇宙が最初に生まれたビッグバンの瞬間――宇宙が素粒子ほどの大きさだった頃について、理論展開をしなくてはいけません。

つまり、素粒子論と宇宙論、量子力学と一般相対性理論、これらをすべて融合して、素粒子レベルの宇宙の研究ができるのです。

現在、観測技術はかなり進んでいるので、宇宙が生まれた瞬間に肉薄してきています。

ただし、見えるのは「宇宙誕生から三十万年ほどたった頃から」です。「宇宙のはじまり」に、光は見えません。

宇宙が膨張して冷えたことにより、ドロドロとした宇宙が透明になってきた。そして、光が直進できるようになったからです。

誕生直後の宇宙は、原子と電子、原子核がバラバラで、原子が物質として固まっていなかったので、電子は自由に飛び回っている状態でした。光は電子と相互作用します。あらゆるところに電子があるので、光は直進しようと思っても、すぐに電子にぶつかってしまう。そこでは、光は吸収されたりはじかれたりして直進することができないので、私たちの目には届かないんです。

宇宙が冷えてくる、つまり膨張してスカスカになると、電子が原子核につかまるので、原子ができるようになります。そして、物質として固まるので、自由な電子はなくなるんです。フラフラ漂っていた電子がいなくなるから、隙間がたくさんできて、ようやく光が直進できるようになる。

物質が固まって光が見えるようになるまでに、三十万年かかりました。宇宙の誕生後三十万年ほどの姿から、われわれはようやく望遠鏡で見ることができるのです。

重力波を測定する

それよりも前の宇宙は見えないのか。実は可能です。

電磁波（電波）を実際に私たちが使い始めたのは、ここ百年ぐらいのことです。電磁波についてはほぼ全部の領域を使っています。X線も可視光も使っている。人類は、本来見えないものを、科学技術による「目」を使って、見える範囲を広げていくんです。

今度は「光」ではなく、別の「力を伝える素粒子」を使えないか。

グルーオンなどは原子核の中でしか働かない。到達距離が短いので、それを使って見るというのはあまり意味がありません。

そこで、「到達距離が長い」のが「重力」です。今度は「重力」を使って見ればいい（「見る」という表現は少しおかしいのですが、拡大解釈してください）。

「重力波（重力を引き起こす波）」というものがあります。電磁波と同じで、重力にも波があり、「時空のさざなみ」ともいいます。そこで、「重力波」を観測することによって、宇宙誕生から三十万年頃の状態がわかるのでは……と考えました。

実験装置の原理は簡単で、まず長い円筒を用意します。

宇宙の遥か遠くで超新星爆発が起きると、時空は揺れてゆがみます。そのゆがみは時間がたつと地球まで到達して、実験装置の円筒の長さも変わる。それを測ろうという実験装置です。

ただ、その重力波検出装置はまだできていません。あまりにも重力波が微弱で、まだとらえることに成功していないんですよ。原理は簡単ですが、ノイズが大きいことが問題で、たとえば研究所の前をダンプカーが走ると、その振動で機器が誤作動してしまうわけです。いずれテクノロジーが進歩して、ノイズが入りにくい宇宙空間で実験を行なえば、とらえられるようになるでしょう。

宇宙論と素粒子論を結ぶ「超ひも理論」

宇宙には様々な情報がありますが、その情報をどうやって取り入れるか、キャッチするかという技術が、だんだんと進歩してきています。

基本的に「宇宙論」と「素粒子論」は、今は切り離せなくなりつつあります。

ただ、完全な統一理論ができていないので、一般相対性理論と量子力学の統一理論が必要である、ということです。

そして、そのための理論として「超ひも理論」が最有力なんです（一九五頁）。

私たちの周りに「反物質」がない理由

爆弾にもなる？「反物質」

素粒子の話の中で、「物質をつくる素粒子には、鏡のような存在のパートナー〝反粒子〟という、電荷が逆の素粒子がある」と書きました（六七頁）。

反粒子によってつくられた物質を「反物質」といいます。「反物質」は実験室で人工的につくることはできます。しかし、「物質」と「反物質」は反応すると、すぐに消えて純粋なエネルギーになり、別の素粒子に変わります。

反物質を使ってエネルギーをつくることもできれば、爆弾をつくることもできます。ダン・ブラウンのベストセラー小説『天使と悪魔』にも、反物質が登場しました。

自然界には――私たちから見える範囲には――反物質は存在しません。私たちの周りをいくら見ても「物質」しかない。「反物質」はないんです。

地球に限らず、私たちの存在する銀河系や、かなり遠くまでの宇宙は物質でできています。つまり「反物質」ではありません。私たちが観測しているこの宇宙全体のほとんどが「見える宇宙」「観測できる宇宙」であるのは、「物質でできている」ためです。

なぜ、宇宙には「物質」だけがあって、「反物質」がないのでしょうか。

「自発的対称性」の破れについて

これは物理学、特に素粒子物理学の大いなる謎です。

物質として固まっていく過程（素粒子ができてくる過程）では、当然素粒子と反粒子の区別はありません。どちらが有利ということもないので、両方とも同じぐらいの量ができるはずです。

ただ、完全に物質と反物質の量が同じだとすると、結局ぶつかって消えてしまうだけです。生成・消滅を繰り返すので、現在の「宇宙」はできないわけです。

しかし、「何らかの理由で対称性が破れて物質の方が少し多くなり、宇宙を席巻したのではないか」という説があります。

それを「自発的対称性の破れ」といいます。

「対称性の破れ」は、私たちの社会の様々な場面でも起きています。

たとえば、競合する二社のうち、片方の会社が少しだけ売り上げを伸ばし続け、十年後には業界内で圧倒的に大きい会社になる、というようなものです。わずかな差、バランスの違いで対称性が破れた。そうすると、勝者がすべてを取ってしまう「独り勝ち」のようなことが、人間の社会にはあります。

それが物質の世界でも起こった。素粒子の世界でも、勝者である「物質」が少し多くなって、そのうちにすべてを取って、宇宙全体の物質になったのです。

基本的に宇宙の発展というのは、すべて「自発的対称性の破れ」によってもたらされます。対称性があると、物質と反物質がまったく同じ量で存在するわけです。ところが、対称性が自発的に破れると——つまり、たまたま私たちが物質と呼んでいるものの方が少しだけ多くなると、物質だけが残るというわけです。「たまたま」を、物理学の用語では「自発的」といいます。それは「偶然」という意味です。

だから、対称性の破れ方が逆になり、反物質がたまたま少し多くなった可能性もあります。そうしたら、私たちの世界は、全部反物質からできていたでしょう。しかし、その場合、私たちはそれを「反物質」とは呼ばず、「物質」と呼ぶでしょう。

たまたま、私たちはこの物質からできている宇宙に棲んでいるということです。反物質でできている宇宙があったとしても、おかしくはない。このように「対称性の破れ」は、「完璧なバランス状態がささいなことで崩れること」を示します。

つまり、「自発的対称性の破れ」とは、「どちらに転ぶかわからなかったけれど、たまたまこっちに転びました。そして、バランスが崩れました」という意味なんです。

素粒子論と宇宙論のキーワード「自発的対称性の破れ」

「自発的対称性の破れ」というのは、素粒子論と宇宙論のキーワードですが、いい換えると、現状でわからないことは「自発的対称性の破れ」で説明しているようなところもあります。

いまだに私もしっくりこないから、つい聞いてしまうんですよ、「じゃあ、なぜその自発的対称性の破れが起きたの?」って。でも、それについては「自発的というところがポイントで、偶然そうなっただけなんですよ」としか説明されないんです。

私たちの知ることができない、宇宙の根本法則「自発的対称性の破れ」。これが「物質をつくる素粒子」が宇宙を席巻した理由です。

素粒子よりも小さな素粒子!?

素粒子は「リション」からできている?

素粒子よりも、もっと小さな素粒子はあるのでしょうか。

この件については、興味深い論文があります。

それは、スタンフォード線形加速器センター(Stanford Linear Accelerator Center；SLAC《スラック》)というところから出された論文です。線形とは、円になっていない直線ということです。

一九七九年に、SLACのハイム・ハラリーという人が「現在の素粒子の標準理論に出てくる素粒子も実は複合粒子であり、もともとはリション(Rishon)という、さらに根本的・根源的な素粒子からできているんだ」という説を提唱しました。

たとえば、ここに、「T」と「V」という素粒子があります。Tの電荷は三分の一、Vの電荷はゼロです。基本はこのTとVだけであり、このTとVのことを彼らは

「リション」と呼びます。

もちろん、TとVの反粒子もあり、「$\bar{T}$」と書いたらTの反粒子で、電荷がマイナス三分の一です。電子（電荷マイナス一）は、要するに「$\bar{T}$」が三個集まったものです。逆に陽電子（電荷一）は、Tが三個集まったものとなります。

電荷が三分の一のクォークは、たとえば「TVV」となります。これは計算すると$\frac{1}{3}+0+0$となって、ちゃんと電荷が三分の一になります。

同じように、「VVV」というのがあります。これは電荷がゼロ（0＋0＋0）です。ニュートリノは電荷がゼロだから、「VVV」はニュートリノです。

基本は、素粒子は「T」と「V」だけで構成されていて、それらが三個集まっているということです。だから現在の素粒子がさらに三個に分割されるような感じです。

これは、確かに気持ちがいいというか、わかりやすい。

そもそも、クォークの電荷は「三分の一」や「三分の二」というように中途半端ですよね。それは気持ち悪い。「三分の一」が基本にあり、それが三個集まって「一」になるといわれた方が、なんとなくわかりやすい。

しかし、実験的にはまったく証拠がありません。説得力のある理論ですが、いくら実験を重ねても、現在の素粒子にさらに構造があるという証拠は出てきません。

ちなみに、リションというのは、ヘブライ語で「最初、第一、主要な」という意味です。英語だとfirst、primary。

TとVは旧約聖書の『創世記』から採っているそうです。

この世界や物質が創造される前は、形のない虚空であった――。混沌だったというわけです。それをヘブライ語でトフボフウ（Tohu Vohu）というらしい。形のない虚空または混沌という意味です。そこから、この「T」と「V」を採ってきた。面白いというか、文化的な話ですね。

様々な人が提唱するサブクォークモデル

なにもハラリー一人がこういう発想をしているわけではありません。東京大学の原子核研究所の教授をやっていた寺沢英純さんも、同じような仮説を提唱していました。寺沢さんは、「リション」ではなくて「ゲン」と呼んでいます。漢字で書くと「元」。「もと」という意味です。英語ではサブクォークといいます。

リションとはまた別ですが、ワカム、ハカム、クロム、弱子《じゃくし》、平子《へいし》、色子《しきし》があり、クォークとレプトンは、このワカムとハカム、クロムという三種類の元からできているという理論です。

実に様々な人々がサブクォークモデルを提唱しています。で、繰り返しになりますが、現段階では、実験的には「標準理論の素粒子に、さらに小さな構造がある」という証拠はありません。

サブクォークモデルが本当に正しいのか。それとも、そうではなくて、もう一気に超ひも理論まで進むのかはわからない。

最終的には「超ひも」の状態が素粒子ということになりますが、「超ひも理論」に関しても実験的証拠はありません。

実験技術がまだそこまで進んでいないから、さらなる構造が見えていないのか。

あるいは、さらなる構造は、究極に小さい「超ひも」にまで行くのか。

それとも、その途中にサブクォークやリションがあるのか。

今の実験技術では、まだわからない。

意外とこういうことは多いんです。話を聞くと「そうかもしれない」と納得するけれど、実験では出てこない。

これぱかりは、数学的には納得できる話であっても、実験結果が出なかったら、もうそれきりになってしまうんです。

並行宇宙は存在する？

「超ひも理論」では、ものすごい数の並行宇宙を予言しています。そうすると、素粒子の現れ方が、この宇宙とは別のパターーンの宇宙になってもおかしくない。

別パターーンの宇宙では、別の方程式が成り立っている可能性もあります。別の素粒子物理学を発見している並行宇宙、つまり別の宇宙がどこかにあるのかもしれません。「素粒子物理学」や「素粒子論」は、とてつもない仮説がうごめいている世界です。まだまだ仮説だらけの中、ごく一部ですが、実験的に確かめられているのが「標準理論」なのです。

実験物理学者からすると、リションモデルにしろ、サブクォークモデルにしろ、超ひも理論にしろ、こういった仮説は「数学的なフィクションにすぎない」んです。

数学の世界はとことん抽象的で、つまりは仮説です。だから、実験物理学者の人たちは、こういう話を聞くと怒るんですね。

昔、私がカナダにいたときに、「超ひも理論」の専門家が講演に来ました。講堂に集まった人の半分は実験物理学者で、半分は理論物理学者でした。様子を眺めていると、うなずきながら熱心に聞いていたのは一〇〇人中のせいぜい五～六人です。残りの物理学者たちは、難しい顔をして腕を組み、首をかしげている。「なんだ、これは。一体こいつは何について話しているんだ」という感じでした。

講演会が終わった後にエレベーターに乗ると、たまたま私がティーチングアシスタントをしていた教授がいたんです。「そういえば、最近、君は超ひも理論の先生についたらしいけれど、まさかあんなことをやっているのではあるまいね」と心配されました。「まさか、君はあんなとんでもない研究を始めたの?」と。

それほど、実験物理学の人から見ると、理論物理学はとんでもないことになっています。あまりにも実験からかけ離れており、「それはもう物理学ではない」ということです。

「数学科ならば許されるが、物理学科でそんなことをするな」という雰囲気でした。物理学科で勉強するならば、しっかりと実験で検証できることをやれ、と。物理界の中でさえも強い反発があるんですね。

宇宙はたくさん存在する？

超ひも理論と並行宇宙

「超ひも理論」の興味深いところは、様々な宇宙（並行宇宙）が存在するということです。

「超ひも理論」の方程式を解くと、様々な答えが出てきます。あまりにも多くの可能性があるため、「超ひも理論では何も予測できない」とも考えられていました。

あまりにも多種多様の可能性がありすぎるんですね。私たちの宇宙に当てはまるケースではなくて「この宇宙とは違う別の宇宙のはなし」が数多く出てきます。

それでは、困るわけですね。

たとえば、「強い力」よりも「弱い力」が強い。あるいは、「重力」がとても強い（一三四頁で、私たちの世界は他の三つの力と比べて、重力が四〇桁小さいといいましたが、もっと重力が強い世界も可能ではあるそうです）。

ちなみに、重力があまりに強いと、宇宙は自らの重さで潰れて消失してしまいます。反対に、重力が弱いと今度は星みたいなものが固まらないから、天体ができない。天体がなければ、私たちも存在しません。

そうした宇宙が数多くあるという説は、「超ひも理論」の方程式から出てきます。「超ひも理論が正しいのであれば並行宇宙は実在する」と主張する研究者も増えています。あらゆる宇宙があり、私たちは、たまたまそのうちの一つに棲んでいるにすぎない。「超ひも理論」はスケールが大きすぎるので、妄想と紙一重な感じがしますよね。

そもそも、「超ひも理論」が予測する別の宇宙には行けないわけです。行くことができたならば実証もできますが、誰もこの宇宙から出られないのでわかりません。

ただ、話としてはとても面白いものです。

理解のカギは視覚化して考えないこと

科学に関心があり「超ひも理論」に興味を持つ人は多いのですが、これまでのような話はあまりにも飛躍しているので、本を何冊読んでもわかりにくい。

理解するためのカギはシンプルです。

繰り返しますが「モノ」で理解しようとしたらだめです（一五六頁）。

なんらかの「コト」であると思う。

そういう「コト」が起きている。

そういう「コト」になっている。

このように納得するしかありません。

「そういうことになっているんだ」と、頭を切り替えないといけない。「どういうものなんだろうと考えること・どういうものなのか頭に具体的なイメージを浮かべようとすること」はNGです。

「十一次元ってどういうこと？」

「いや、そういうコトなんだ。私たちの頭では描ききれない拡がりがある」と理解する。

人間には思考の癖があり、どうしても視覚化したくなり、具体的に理解したくなります。しかし、「超ひも理論」は、もはやそれができない世界です。

世界的に話題になった「ヒッグス粒子」の発見の背後には、このような体系があるんですね。

数学者が自分の内面世界にのめり込み、現実世界との接点を失うという話がありますが、「超ひも理論」もそれに近いと思います。「超ひも理論」を本気で研究している研究者たちの頭の中・内面の世界は、どこまでが本当で、どこからが妄想なのか、私たちにはもうわからないんです。

十一次元を三次元まで落とす

「超ひも」が棲んでいる空間を十一次元と紹介しました。

たしかに、十一次元をそのまま描くことはできません。ただ、そこからいくつかを切って、断面を見ることができます。

X線、CTでは人体を輪切りにしますね。あの輪切りのような形で、「超ひも」が棲んでいる空間の輪切りを見ることができます。

一一を一回切ると一〇になりますね。もう一回切ると九になる。そして、もう一回切ると八。そうやって切り続けることで、次元を落としていくんです。

そして、三次元まで落としたとき――三次元の物体として見ることができる。

◆十一次元の物体を三次元まで落とすと……

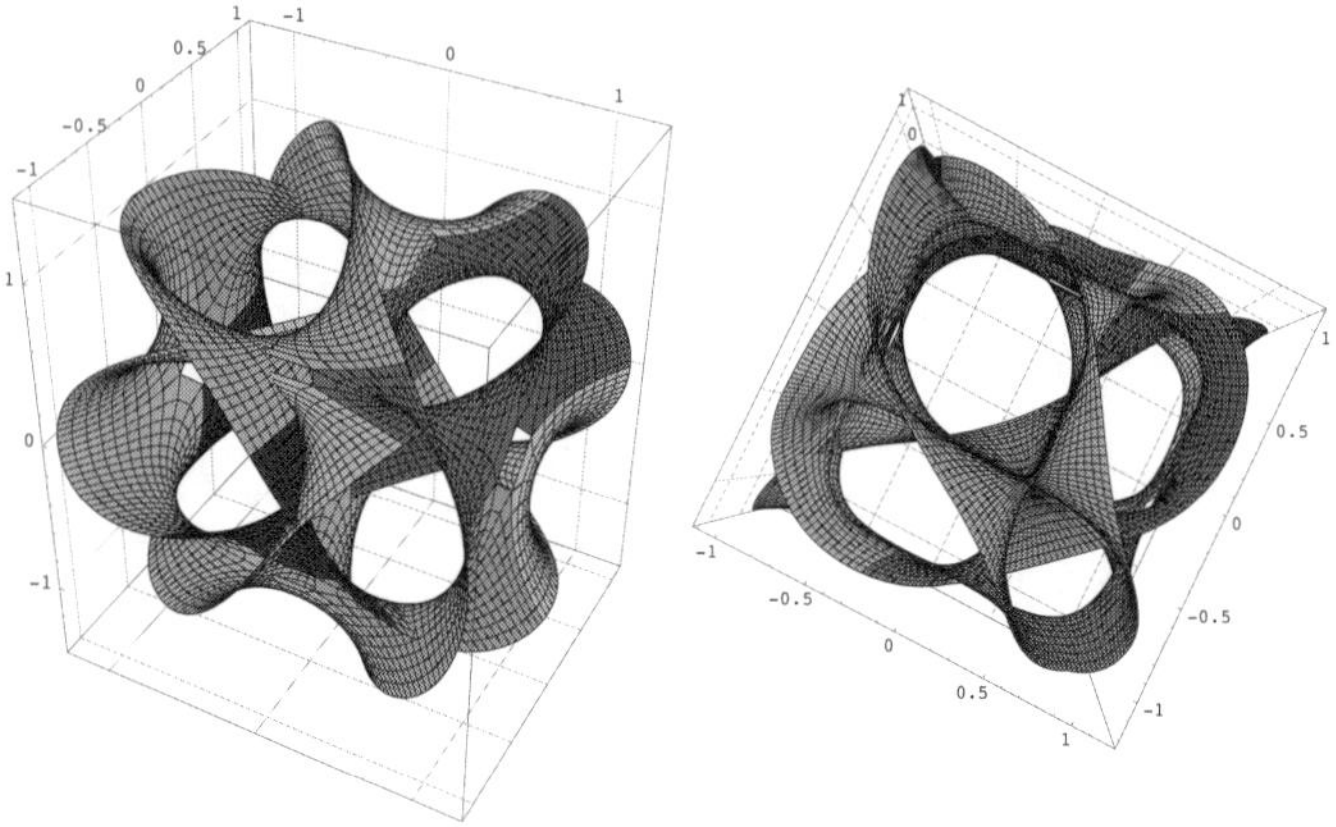

それを描いたのが、上の図です。「超ひも」は、こういう世界に棲んでいるんですね。空間に多くの穴が空いていて、なんだか気持ち悪いですね。

この図は数式を使って、「Mathematica《マセマティカ》（数式処理システムソフト）」で描いたものです（竹内作）。三次元なので輪切りには見えないでしょうが、さらにもう一回切り次元を落とせば（二次元にすれば）、本当の「輪切り」になります。

このような世界に、超ひもやDブレーンが棲んでいるといわれると、たしかに何かありそうというか、どこかにいそうですね。

高次元を視覚化するには、次元を落として断面を見るしかありません。

この宇宙のミクロな部分は本当にこうなっているのか——。妄想かもしれませんし、実際にそうかもしれない。

とにかく、宇宙の成り立ちの根本にこういう話があるんです。

「コト」の始まりはアインシュタイン

前章では「モノからコトへ」といいました。

そもそも、物理学における「コト化」の始まりは、アインシュタインでした。電場と磁場の存在が、観測する人が動いているかどうかで変わってくるなんて、当時の偉い物理学者でも理解できなかったんです(九六頁)。

それまでの古き良き時代の「モノ」を扱っていた物理学は、アインシュタインによって終わりました。

アインシュタインは最初にそれをいい出したわけだから、やはりただ者ではありませんね。しかし、いまや何百人という物理学者やプチアインシュタインたちが「超ひも理論」を研究しているわけです。

プチアインシュタインたちが始めた究極の素粒子論。それが「超ひも理論」です。

宇宙論の現在

アインシュタインと時空

「様々な宇宙が存在する」という考えを「多次元宇宙論」といいます。もともとはアインシュタインが提唱しました。それまでは、空間は「三次元」ということに決まっていたわけです。時間は確かに存在していましたが、あくまで時間と空間は別のものだと考えられており、「三次元の空間」プラス「一次元の時間」とされていたんです。

ところが、アインシュタインが「いや、時間と空間は一緒だから、四次元時空だ」といったんです。このときにはじめて「時空」という言葉ができたわけです。

重力だけの五次元世界

さて、アインシュタインが「四次元」を唱えた後、四次元を五次元にしようと考えた研究者がいます。テオドール・カルツァ（一八八五〜一九五四）とオスカル・クライン（一八九四～一九七七）です。

カルツァさんは天才肌でなおかつ不遇の数学者で、長い間非常勤講師ばかりやっていたような人です。

あるとき、「この宇宙がアインシュタインさんのいうように四次元ではなくて、もう一つ次元があり、五次元だと考えたらどうでしょう。しかも、この五次元には様々な力があるのではなく、重力だけだとしたら……」という仮説を考えて、アインシュタインに論文を送ったんです。

五次元の中には重力しかない。それでは、電磁力や光はどこに行ったのかというと、数学的な非常に面白いしくみがあります。

紙（二次元）を丸めると、筒になって小さくなり、しまいには線になります。そのとき、二次元から一次元に「次元が減った」ことになるんです。

同じことが起きていて、それを四次元の私たちから見ると「五次元の重力が丸まると、その重力の五次元目の成分は電磁力とまったく同じに見える」というのです。

これは、物理畑の人間からすると、素晴らしい発想です。というのは、理論は単純な方がいいからです。

アインシュタインの時代には、「電磁力」と「重力」の二つの力しか知られていませんでした。そうすると、電磁力と重力が別に存在するよりは、「重力しかありません」とした方がシンプルですね。

そこから、「ダイナミックなメカニズムにより、宇宙の発展・進化の際に五次元目が丸まった。その力が電磁力である」と考えると、とても鮮やかな思考です。

とても素晴らしい理論ですが、アインシュタインは意味がよくわからず、論文を机にしまっておいたら、そのまま忘れてしまった（笑）。

当時、アインシュタインはその理論が気に入らなかったんでしょう。しばらく放置しておいて、あるときに読み返してみたら、「これはいい」と意見が変わったらしい。そして、アインシュタインが学会に論文を提出したそうです。

さらなる高次元の世界は存在するのか

五次元まで行ったら、次は当然、「六次元や七次元は？」という発想が出てきます。それを「多次元宇宙論」もしくは「カルツァ＝クライン理論」といいます。百次元でも二百次元でもいいというわけではなく、「うまくいく次元」と「うまくいかない次元」があるのが面白いところです。

「超ひも理論」は「多次元宇宙論」です。本当に数学というのは不思議ですが、「超ひも理論」は、「十一次元」じゃないと計算がうまくいかない。計算がたまたまうまくいくのが十一次元なんです。

次元を増やすと、その増えた次元にある何かが見えてくるわけです。自分のいる次元よりも高次元の世界は「行って確かめること」はできないのですが……。

たとえば、机の上をアリが歩いているとします。アリは飛べないから上下方向（三次元）には動けません。だから、アリにとっては、世界は二次元でしかない。

しかし、三次元からの何らかの影響はあります。上から人間が潰したり、息で吹き飛ばしたりするかもしれない。そのとき、アリは直接に調べることはできなくても、自分のいる平面世界の外には何かがあり、その影響を受けていることはわかるんです。

それと同じ状況で、私たちは四次元時空に閉じ込められているけれど、どうも別の拡がりがあるらしい、そこになにかあるらしいということはわかるわけです。

「何かある」と感じて、私たちが観察した結果が「四つの力（強い力、弱い力、電磁力、重力）」であり、「素粒子が一七種類ある」というものです。

古代ギリシアの哲学者プラトンが「洞窟の比喩」として「洞窟があり、その洞窟の中を向いて座っている。それが人間だ。背後から様々な影が差しこみ、自分の目の前に映る。われわれは後ろを人が通り過ぎたりする影しか見えない。本物は見えない」というようなことをいっています。

これは、科学にも当てはまる哲学ですね。「多次元宇宙」でいうのであれば、「十一次元は本当に存在して、その影が四次元時空に映り、それしか見ていない」ということです。

ビッグバンは何度も生じる!?

「多次元」の存在が明らかになってきたことにより、宇宙のとらえ方や考え方は、どんどん変わっていくでしょう。

たとえば、多次元宇宙の場合、四次元とは別の拡がりがあるわけです。現在、私たちはそちらの次元には行けませんが、仮にそれを見通せるとしたら、同じような宇宙が別に存在するかもしれない。

ビッグバンそのものを考えるとき、当然「なぜビッグバンが起きるのか?」という素朴な疑問もあります。いくつかの説がありますが、その一つに「多次元宇宙で考えれば、それは別の宇宙との衝突だ」という考え方もあります。

しかも、別の宇宙とは重力でつながっており、ぶつかった後はその勢いで離れていく。そして、また重力で引き寄せられて、ぶつかる。だから、いずれまたビッグバンが起こるだろう——。そういう仮説もあるんです。

ただ、それが本当かどうかは、アリが人間の存在を感じるように、他の宇宙が本当に存在するかどうかを感じて、その痕跡や影を観測する必要があります。

そのためには、「重力波」を測れば何とかなるのではないかと思います（一六九頁）。

重力波（重力）は、十一次元全体にみなぎっているはずなので、重力をもっと精密に測ることができれば、「あれ？　この重力はおかしい。これはどこか別の宇宙の重力が影響しているのでは？」というようなことがわかるかもしれません。

だから、「重力波の検出装置」は、宇宙を知るうえでとても重要です。

時間と空間は実はあやふや？

究極に小さくなると時間も空間も不確定

素粒子論では、四つの力のうちの三つの力（強い力、電磁力、弱い力）を扱いますが、「超ひも理論」や「Dブレーン」の世界になると、四つ目の力「重力」が入ってきます。そのため、いまひとつイメージがわかない人も多いのではないでしょうか。

そこで「ループ量子重力理論」という理論を紹介したいと思います。

「ループ量子重力理論」は、アインシュタインの「重力理論」と「量子論」を統合したもので、「究極理論」（四つの力をすべて統一する理論）の候補です。

まずは「小さな世界では何が起きているか」を考えてみましょう。

「物質」をどんどん細かく分けていくと、最終的には素粒子になります。同じように「空間（長さ）」と「時間」をどんどん分けていくと、どうなるのでしょうか。

◆四つの力とそれを説明する理論の関係

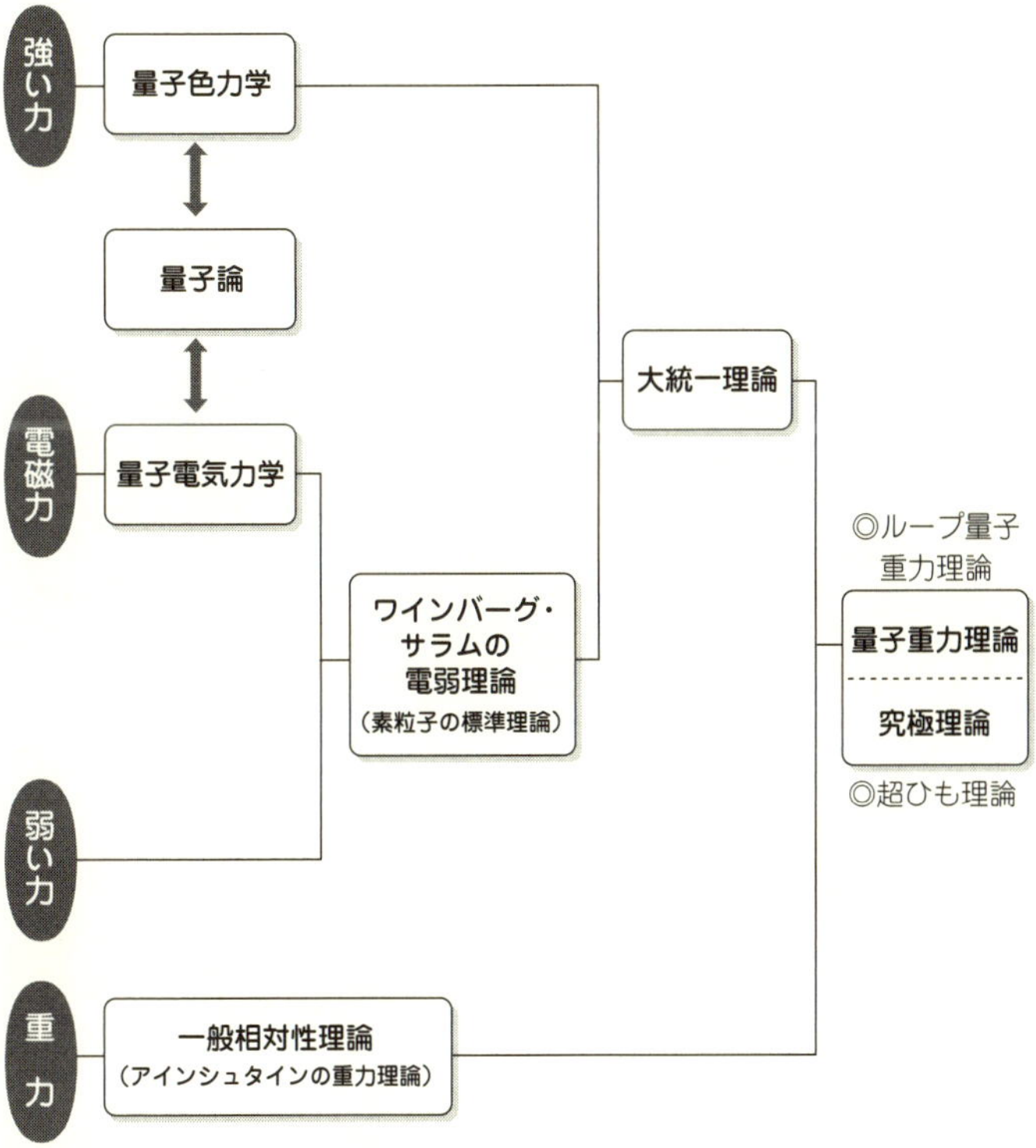

◆秒、長さをどんどん分けていくと……

1	10^0（一）	
0.001	10^{-3}（千分の一）	m（ミリ）
0.000001	10^{-6}（百万分の一）	μ（マイクロ）
0.000000001	10^{-9}（十億分の一）	n（ナノ）
0.000000000001	10^{-12}（一兆分の一）	p（ピコ）
0.000000000000001	10^{-15}（千兆分の一）	f（フェムト）
0.000000000000000001	10^{-18}（百京分の一）	a（アト）

長さを一センチメートル、一ミリメートル、一マイクロメートル（10^{-6}メートル）、一ナノメートル（10^{-9}メートル）というように、小さくしていったとします。

ちなみに現在の技術では、原子の大きさ（10^{-10}メートル）でも普通に測れます。

時間についても一秒、一ミリ秒、一ピコ秒（10^{-12}秒）、というふうに、どんどん短くしていく。

たとえば、スポーツの世界では「○・○一秒差で勝った」といいますよね。「○・○一秒」は百分の一秒。

つまり、「一秒を一〇で二回割った時間」です。それだけでも、人間の目では判別できずに写真判定になるわけです。

だから、千分の一秒の「ミリ秒」、まして「ピコ秒」や「アト秒」になると、人間の目ではもうどうしようもありません。ただ、そのあたりの時間は、現状では様々な方法で測定することはできるんです。

そうして、長さと時間をずっと小さくしていくと、どこかで「もうそれ以上短い長さはありえない」という限界がくる。つまり「究極の長さ」ですね。

その究極の長さを、「プランク秒」や「プランク長さ」といいます。「プランク秒」は四三桁。つまり一秒を一〇で四三回割ったものです。「プランク長さ」は三三桁、つまり一センチメートルを一〇で三三回割ったものです。

そのあたりの世界になると、時間や空間という概念があやふやになってきます。明確に「ここで空間が消えて、時間がなくなります」という話ではなくて、もやもやとしてくる。

「不確定」は素粒子の特徴ですが（九〇頁）、時間と空間も究極に短く・小さくなると、同じように不確定になるのです。

エネルギーも時間も空間も飛び飛びの状態＝量子化

素粒子はエネルギーが決まっています。

素粒子からできている水素原子は、エネルギーが飛び飛びの状態です。途中の段階のエネルギーは存在しません。素粒子はあやふやで不確定である（九〇頁）と同時に「デジタルになっている」という特徴があります。

「不確定だけれどデジタル」という奇妙な世界なんです。

たとえば、水素原子のエネルギーのレベルは徐々に変わるのではなく、階段状に飛び飛びになっており、デジタルな値をとります。

エネルギーが一番低い状態からエネルギーが高くなるにつれて、様々なレベルがあります。これを水素原子のエネルギー準位といいます。「準位」というと漢字のせいで難しく聞こえますが「レベル」のことです。つまり、「エネルギー準位」とは「エネルギーのレベル」という意味です。

同様に面積や体積も、不確定であると同時にデジタルになっている——それが「量子化」です。

◆水素原子のエネルギー準位

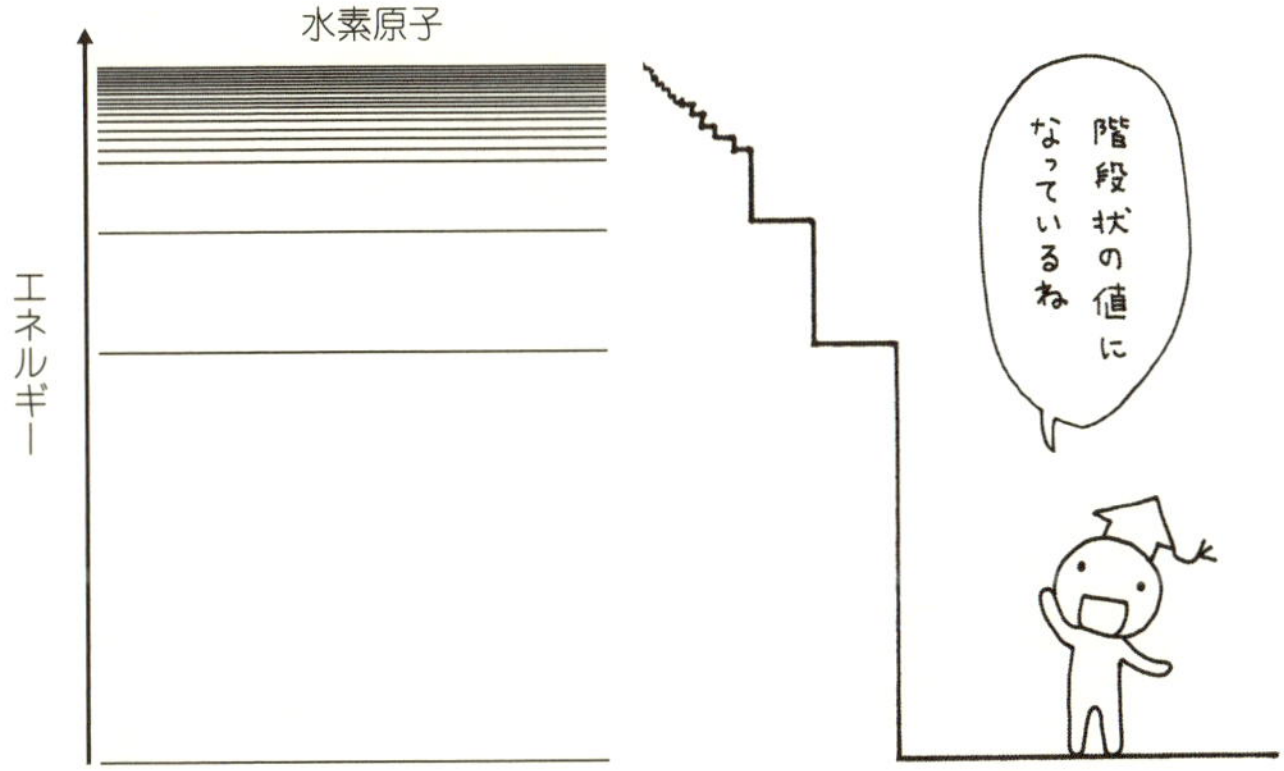

◆量子面積と量子体積

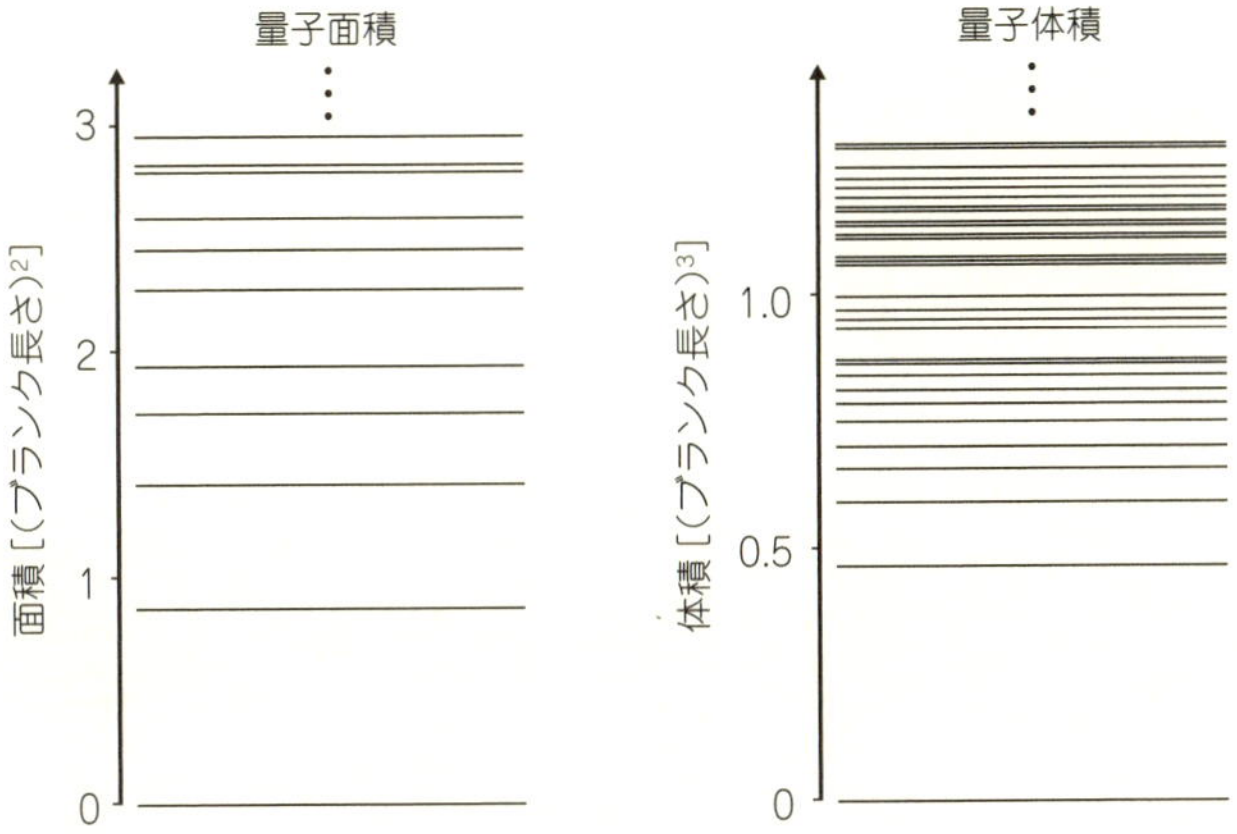

面積の値が「ゼロ」の次は「プランク長さの二乗」になります。つまり、面積は「縦×横」で求められるので、縦と横の長さが「プランク長さ」になるということです。ただ、完全な「プランク長さ」の整数倍ではなくて、図のように（一見）不規則なところに線が入ります。これが理論計算から導き出されるのです。

面積や体積も同様に飛び飛びになっており、「デジタル化」されています。「時間と空間がデジタル化されているのではないか」と考えるのが、最近の「量子重力理論」の趨勢《すうせい》です。「重力理論」が「素粒子理論」を取り込むと考えてもいいし、逆に「素粒子論」が重力を取り込むと考えることもできる。要するに「重力子（グラビトン）」を素粒子として扱う理論ですね。

これは「重力の素粒子論」のようなものです。「量子重力理論」は、基本的にグラビトンを「重力を伝える（媒介する）素粒子」として扱います。これまでの素粒子論は重力をまったく考えておらず、無視していました。

重力を取り入れるということは、重力も不確定になり、エネルギーも飛び飛びになる——つまりは「デジタルになる」ということです。

時間と空間を
つきつめて考えると
不思議な世界になるね

時空はブクブク泡立つ

時空の泡

ファインマンの師匠でもあるジョン・アーチボルト・ウィーラー（一九一一〜二〇〇八）という物理学者が考えた「時空の泡」という概念があります。「プランク長さ」程度になると、時空は泡立つらしい。たとえば、とても解像度の高い顕微鏡で滑らかな金属の表面を見ると、実はその表面は滑らかではなくてデコボコであることがわかります。そんなイメージです。

次頁の図をご覧ください。「時空の泡」の形のイメージ図です（計算で導き出されたものではありません、念のため）。

いずれにしろ、これが「時空の泡」という概念で、「時空とはこうなっているんじゃないか」という考え方です。時空が泡になるなんて面白いですね。

◆プランク長さ程度になると、時空は泡立つ

【参考】Kip Thorne "Black holes and time warps: Einstein's outrageous legacy" Norton

「ツイッターベヴェーグンク」とは

「時空の泡」の概念と直接関係しているのか、それとも関係ないのかはわかりませんが、素粒子には「ツイッターベヴェーグンク」という現象があります。ドイツ語だから難しく聞こえますが、英語だと「ジグザグ」です。日本語だったら……うーん、ギザギザが近いかな。

これはどういう現象でしょうか。

電子のような素粒子を記述する方程式「ディラック方程式」を調べると、面白いことがわかってきます。

電子は、瞬間的には常に光速（三〇万キロメートル／秒）ですが、ジグザグ運動をしており、折れ線グラフのように飛んでい

ます。何度も曲がるから、目的地に着くまでに時間が余計にかかってしまいます。

そのため、結果的には平均速度が落ちて光速よりも遅いように見える。しかし、電子は瞬間では光速で飛んでいる。それを「ツイッターベヴェーグンク」といいます。

ディラック方程式には、そういう性質が含まれています。

重さがある素粒子は光速にはなれないけれど、瞬間的には光速になる。「これはどういうことだろう?」と思いますよね。

重さのある素粒子は、すべて「ツイッターベヴェーグンク」をしているらしい。そして、「重さがある」ということと「ジグザグを運動する」ということが、どうも同じらしい。考えるほどに不思議です。

つまり、まとめるとこういうことです。

光子のように重さがない素粒子は、ジグザグ運動をせずに一直線に進むので、光速になる。一方、重さがある素粒子は必ずジグザグ運動をしています。ジグザグ運動をするがゆえに遅くなる(=質量がある)のか、質量があるがゆえにジグザグ運動をするのか。その因果関係は、まだわかりません。

そもそも、「ツイッターベヴェーグンク」の起源は、いまだにわかっていません。

なぜジグザグ運動をするのか。逆にいうと、なぜ光子は足を取られないでまっすぐ進めるのか。それもまた面白い疑問ですが、今のところ真相はわかりません。

先ほどの「時空の泡」の概念と合わせると、もしかしたら「時空の泡」に足を取られて、あちこちに跳ねているのではないか——。そんな想像もできます。

ほかにも、このような考えがあります。

どうやら「時空」の制限を強く受ける素粒子と、そうではない素粒子があるらしい。「Dブレーン」のところで少し紹介しましたが、「重力が弱い理由」は、重力がほかの次元に漏れてしまうからです。時空に対して一番自由なのは、重力子（グラビトン）です。重力子は三次元の空間から、四次元、五次元といった別の拡がりに行くことができる。

いわば「素粒子の王様」のようなところがあり、時空にとらわれない。将棋でいえば飛車と角を一緒にしたような、とても自由に動ける駒のイメージです。

しかし、光子は高次元に漏れ出ません。漏れ出ないということは、この宇宙（つまり三次元の空間）に制限されているということです。三次元の空間に閉じ込められている。どうも重力子よりも自由ではないようですね。

しかし、その制限された三次元空間で、光子は比較的自由に飛んでいます。つまり、光子は直線で進むことができる。

電子のように他の重い素粒子も、光子と同じように三次元の空間に閉じ込められています。しかし、なんとなく地べたを這っているような感じで、地べたのでこぼこに足を取られているので、光子よりも自由ではありません。時空の構造に足を取られて、ジグザグ運動をすることでしか進めないというイメージです。

これらはあくまでもイメージにすぎず、これ以上の説明はまだできません。ただ、様々な理論を大まかに見つめると、どうもそういう傾向があるということです。「量子重力理論」は完成していないので、どうも歯切れの悪い部分がありますね。

「時空の性質」解明と「時空暗号」

「時空の性質」の解明については、多くの研究者が試みていますが、とても難しいことです。そのうちの一人、デイビッド・フィンケルスタイン（一九二九〜）というアメリカの学者は非常にユニークな仮説を提唱しており、「時空暗号」という論文を書きました。「時空とは暗号である。暗号を解読することで時空の性質がわかる」というようなことを、彼は語っています。

フィンケルスタインはユダヤ系の人ですが、彼の論文は宗教的な話から始まります。聖書の「はじめに言葉ありき」から理論をつくろうとするんです。

フィンケルスタインの時空暗号の論文は、次のような書き出しで始まります。

> 我々は『時空暗号を解読する』という問題をたてる。それは、言葉を生成する有限な量子的規則を発見することである。生成の順序は、古典極限において、時空の因果的順序を与え、また時空の幾何学的な構造の全てを与えることになる。（竹内訳）

……何をいっているのかわからないですね。

この世界をつくるときに必要なのは、聖書に沿うと「言葉ありき」なので、彼は、まず言葉から始めます。さらに時間の経過が必要なので、時間子クロノン（chronon）という時間の素粒子みたいなもの（いわゆる一番短い時間のもと）を考える。

そして、その「最初の状態」を $\delta_{o}^{*}\emptyset=0$ と表します。丸に横棒が入ったような形

(∅)ですが、これは「何もない」という状態です。デルタ(δ)とありますが、これが時間子です。時間子を作用させると、時間が一個進みます。「時間ができました」ということです。時間子を二個作用させると、またさらに時間が進みます。

このようにして時間が経過します。おそらくこれは「プランク秒」と同じ考え方でしょう。彼は、そうやって「時間をつくる」ということを考えます。

次に、それをさらに拡げて二桁の時間子を考える。

時間の進む方向、つまり時間子が作用する方向が二つあるわけです。

時間が進んでいくと同時に拡がりができますが、それが「空間の拡がり」というわけです。次頁の図をご覧ください。

「時間の拡がり」と「時間の進み方」の二つを用意すると、分岐することによって拡がりができる。フィンケルスタインは、これを「空間」と唱えています。

フィンケルスタインの論文の面白い点は、彼が展開する「時空」の概念は、アインシュタインが唱えた「相対性理論」の時間、空間、時空と数学的に非常によく似ていることです。

つまり、遠くから俯瞰《ふかん》すると、「プランク秒」あるいは「プランク長さ」という

◆時間子から時空が生まれる

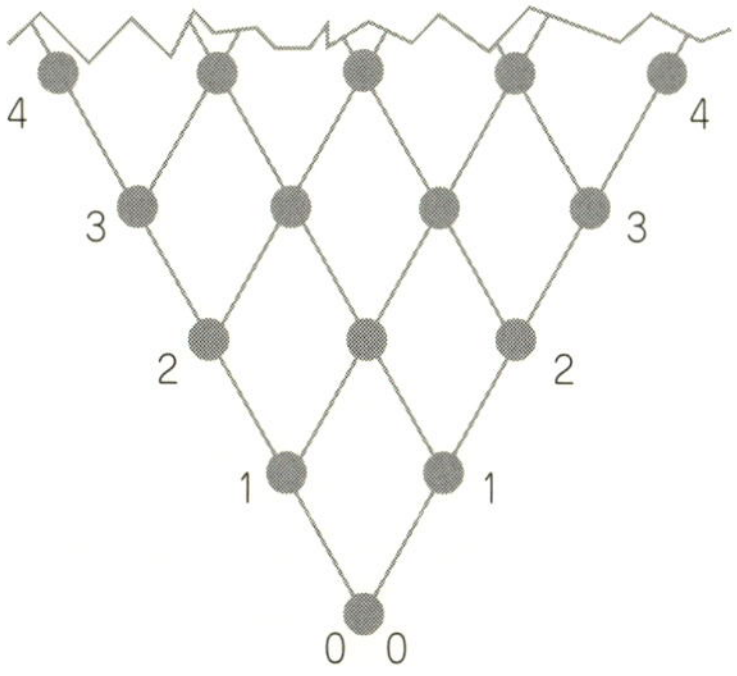

とです。

「単位」が見えなくなってしまうということです。

たとえば、テレビ画面のドットは遠く離れると見えなくなり、全体としては滑らかに見えます。上の図は、テレビの画面を近くから見て、ドットを見ている状況です。つまり、拡大しているということです。

そのドットの大きさが、「プランク秒」であり「プランク長さ」です。

遠くから眺めるともう区別がつかなくなり、滑らかな時空になる。それがアインシュタインの「相対性理論」の時空です。つまり、今、私たちが棲んでいるこの宇宙の時空と同じ構造です。

フィンケルスタインが仮説としてつくり

あげた時空を遠くから眺めて、そのドット構造が見えなくなったとき、私たちの現実の宇宙——アインシュタインの理論で記述される宇宙——の時空と同じになることは、数学的、理論的に証明されています。

ただ、問題は「本当にそうであるのか？」ということです。実験的に、私たちが棲んでいるこの宇宙の時空を細かく分割して——どうやるかは別ですが、顕微鏡みたいなものを使って見ていくと、最終的にはフィンケルスタインの唱えるような時空になるのか。今のところ、それは実験できないから誰にもわからない。

時空の話は、素粒子という「物質のもと」をはるかに超えて、素粒子が動きまわる時空にも「時空のもと」みたいなものがある、という議論にまで進んでいる。

フィンケルスタインは、面白いことを語っています。

（時空の）各点は無限に多い素粒子を記述する無限に多い場の値を正確に憶えていないといけない。各点は隣り合う点との間でデータの入力と出力を行なわなくてはいけない。各点は場の方程式を充たすようなちょっとした算術要素をもたなくてはいけない。要するに各点は完全なコンピュータなのかもしれない。

（竹内訳）

「（時空の）各点は無限に多い素粒子を記述する無限に多い場の値を正確に憶えていないといけない」。いい換えると、時空の各点は「どこに素粒子があり、どの方向に動いているというような情報を持っていないといけない」というのです。

「各点は隣り合う点との間でデータの入力と出力を行なわなくてはいけない」というのは、先ほどの図でいうと、時空のある点と別の点に情報のやり取りが必要だ、ということです。

つまり、「一の前はゼロだった」という情報を覚えていないといけない。さらには、この点は一番右に来るのか・真ん中に来るのかというような情報も必要で、それが入力と出力になる。

そうすると、これはまるでインターネットのリンクとノードのようなので、「各点は完全なコンピュータなのかもしれない」という考えになるわけです。

時間と空間（時空）というと、私たちは「ただそこにある」ものを想像しますが、フィンケルスタインは、時間と空間には「情報処理」が発生するので、「時間や時空の各点は究極のコンピュータである」と考えるのです。

「クレイトロニクス」と「時空暗号」の共通点

「クレイトロニクス」という言葉をご存じでしょうか。「クレイ」は「粘土（clay）」という意味です。小さな粘土の粒のようなものですが、粘土の中にはすべてコンピュータが入っていて、くっついたり離れたりできるんです。

つまり、情報処理ができる。インターネットを介して粘土にある情報を与えると、それが車の格好になったり、あるいはポットの格好になったり、形を変えられる。最近は、この「クレイトロニクス」という分野の研究が進んでいます。

もし、粘土を分子程度の大きさにつくることができれば、それは「考える分子」ということになります。つまり、「スマート（賢い）分子」ですね。分子一個一個がコンピュータになるのですから。

現在は一センチメートルほどの大きさで、形状はブロックのおもちゃに似ています。しかも平面のものにしか形を変えられません。まだ、分子の大きさまでには到達していませんが、将来的にはさらに小さくなっていくはずです。

もし、粘土の粒ぐらいの大きさにまでできれば、「命令を与えて物体をつくる」「使い終わったら、また別の物体に変える」というように、様々なことができるようになるわけです。

日常生活でも実用化されるかもしれません。

たとえばテレビショッピング。洋服が自分に合うかどうかを実際に着てみたい場合は、自分の家にあるクレイトロニクスで擬似的につくって、試着してみるということも可能です。最近の研究では、こういったことを考えています。

実は、「クレイトロニクス」の概念と「時空暗号」の概念は、とても似ています。「時空暗号」では、時空の各点がコンピュータになっている。結局のところ、こうした話は情報処理の話になり、素粒子も「いま自分はどこにいて、これからどこに行くのか」という「情報を持った小さなコンピュータ」と考えることもできるわけです。

つまり、世界を形成するあらゆるものは「小さなコンピュータ」とも考えられる。最近の「素粒子論」はここまで進んでおり、素朴な概念はもう通用しません。

素粒子のスピンで時空のゆがみを測る

指南車と地形（2D）のゆがみ

素粒子は常に回転しています。それをスピンといいますが（四七頁）、スピンのネットワークが時空であるという理論が「スピン・ネットワーク」です。

時空は、アインシュタインの「一般相対性理論」で述べられているように「ゆがむ」ものです。時空はニュートンの時代までのように硬いものではなく、軟らかいゴムのような性質を持っているからです。「質量によってゆがむ」という性質が重要で、それをどう導くかということが量子重力理論の課題です。

まず、二次元の世界で考えてみましょう。

古代中国にあったといわれる「指南車《しなんしゃ》」をご存じでしょうか。「南を指す車」と書きますが、指南車は車の上に据えられた人形が、常に南を指し続ける乗り物です。

技術的には、左右の車輪の回転差を常に計算するような機械にしておけば、たとえば「車が左にどれぐらい曲がったか」、あるいは「右にどれぐらい曲がったか」がわかり、その変動分を上の人形にうまく伝えることで、人形は常に一定方向を指すという仕組みです。

ところが、この指南車は実用的ではありませんでした。なぜなら、左と右の車輪の回転数の差は、方向が変わらなくても生じる場合があるからです。

たとえば、道に穴が開いている場合に、右の車輪がくぼみに足を取られて余分に回転すると、その時点で方向が狂ってしまうわけです。

ほかにも、このようなケースが考えられます。指南車がすり鉢状の地形を一周する。くぼ地なので、車は傾きながら動きますね。そうすると、この人形はもう南を指しません。右の車輪と左の車輪の計算が合わなくなるからです。現実の地面は完全に平らではありませんから、指南車は実用的ではありませんでした。

しかし、以上の問題点を逆手に取り、一周して帰ってきたときに「南からどれくらいずれているか」がわかれば、途中の地形が「どれくらい平坦でなかったか」ということがわかるわけです。

完全に平坦な地形であれば、指南車は一周して帰ってきたときにしっかりと南を指しますが、途中に穴がある場合や地面が傾斜していた場合は、南を指しません。

「どれくらい南からずれているか」は、「どれくらい車輪が足を取られたか」ということです。つまり、「途中の地面がどれくらい平坦でなかったか（どれぐらい傾斜していたか、くぼんでいたか、あるいは盛り上がっていたか）」ということがわかる。

別の見方をすれば、指南車は「地面がどれくらい曲がっているかを測る測定器」ともいえるのです。

ジャイロスコープと空間（3D）のゆがみ

指南車は、平面（二次元）の話ですが、それを空間（三次元）に広げたのが、「ジャイロスコープ」です。ジャイロスコープは、船や飛行機に搭載されているコマです。飛行機がどのように飛んでも、この回転しているコマの軸は、常に同じ方向を指そうとします。

だから、パイロットは自分の状態を知るために、ジャイロスコープを積んだ計器で確認します。ジャイロスコープは常にある一定方向を指しており、「基準」となるので上下がわかる。

◆ジャイロスコープ

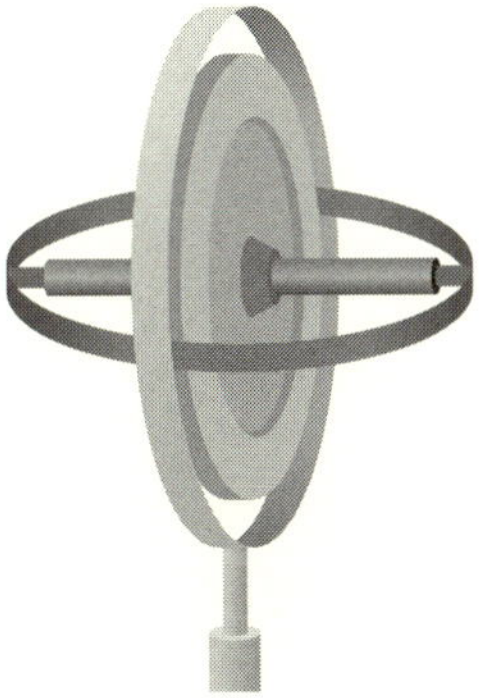

◆指南車

飛行機が地球を一周して帰ってきます。もし空間が平坦であれば、ジャイロスコープは北極星を指したままです。

もし、空間が曲がっていれば、飛行機が地球を一周して帰ってきたときに指す方向がずれるので「ジャイロスコープがどれくらい北極星からずれたか」により、「途中の空間の曲がり具合」を測定できるわけです。つまり、ジャイロスコープは、途中の飛行経路の重力によるゆがみを測っていることになります。

素粒子のスピンと時空のゆがみ

素粒子の話に戻しましょう。

素粒子はスピンを持っており、もともと

回っています。ちっちゃなジャイロスコープの性質を持っているんですね。すると、一周して――いいかえると「ループを描いて」――帰ってきたときに、軸がどのようにずれているかにより、途中の経路が曲がっているかどうかがわかる。ただし、この話は「素粒子レベル」ですから、とても小さいものです。

これが、「ループ量子重力」もしくは「スピンネット」というものです（スピンがネットワークになっている）。

次頁の図は、素粒子のスピンを表しています。このような経路をたどって戻ってきた素粒子が、上を向いているか、それとも向きが変わって下を向いているか。それにより、理論上の素粒子周辺のミクロな時空のゆがみがわかります。

「時空の曲がり＝重力」ですから、ここではじめて素粒子と重力の話が、素粒子レベルで関連するわけです。

「量子重力理論」には様々なアプローチがあり、いろいろな流派があります。「超ひも理論」の研究者は、「〈点〉から始めて、〈点の素粒子〉を拡げる」という流派ですし、「ループ量子重力理論」の研究者は「スピンから始めて、スピンのネットワークを重力とくっつける」という流派です。それぞれの研究によって、どこに着目するか

◆空間内でスピンを一周させると時空のゆがみがわかる

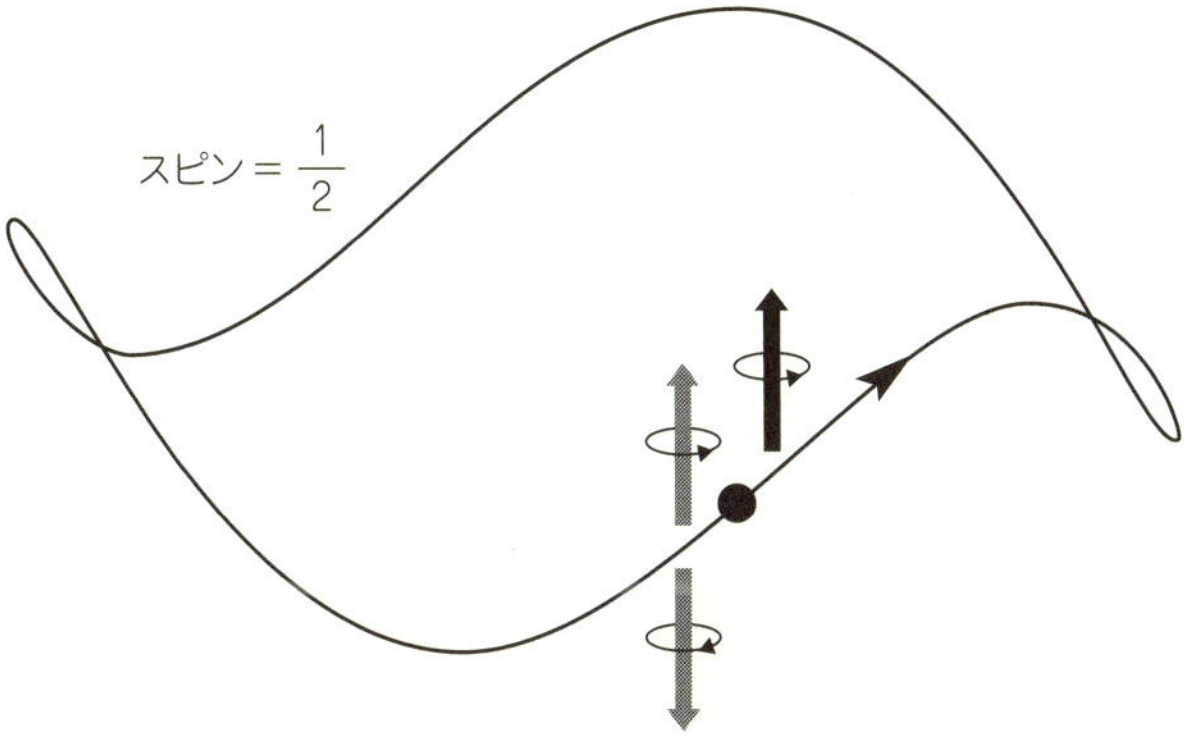

【参考】http://gregegan.customer.netspace.net.au/SCHILD/Spin/SN.html

が違います。

それが実は「同じ理論の別の側面」を見ているのか、やはり「別の理論」なのか、よくわかっていません。

訳がわからないけれど、なんだか面白い世界を、現代の物理学者は研究しています。

いま、物理学者たちは重力波を検出する実験装置をつくっています（二六九頁）。重力波を観測することで「宇宙のはじまり」がどうなっていたかがわかる。「宇宙のはじまり」がわかれば、おそらく「量子重力理論」の数多くある流派は、「これは間違っていた」「これは正しい」というように、選別されていくでしょう。

おわりに

いかがだったでしょうか。

やはり、難しいものは難しいのであり、とりつくしまがなかった、という感想を持たれた読者もいるかと思います。

もしかしたら、あまりにも素粒子関連の「仮説」が多くて、開いた口がふさがらない読者も多いのではないでしょうか。リションン、サブクォーク、超対称性、超ひも……これらはみーんな仮説であり、早い話が理論物理学者の頭の中に存在するだけなのです。

ただ、文学のフィクションと違うのは、これらの仮説が、数学的には正しい、ということ。数学的には可能なのだから、もしかしたら、こういった仮説のうちのいくつかは、現実になるかもしれません。

よく、運動競技には参加することに意義がある、などといいますが、素粒子物理学の場合は、「妄想」することに意義があります。理論屋さんが妄想しなければ、実験屋さんは「それ」を探すことができません。一人の理論屋さんの妄想体系が、徐々に世界中の理論屋さんの脳ミソを浸食し、やがて、実験屋さんも抱き込んで、みんなで政治家をだまくらかして、何千億円もかけた実験装置ができあがる。もちろん、そのお金はわれわれの血税ですが（汗）。

こうやって冷静に分析すると、素粒子物理学というのは、なんとも厄介な代物《しろもの》です。でも、そこには不思議な魅力があり、われわれに夢を与えてくれます。

この原稿を書いている時点で、ヒッグス粒子は、ほぼ発見された、という状況です。今後十年以内に、ヒッグスさんを含め、数名の候補者がヒッグス粒子の業績でノーベル賞をもらうことになるでしょう。ノーベル賞レースの興味も尽きません。

前作に続いて、ＰＨＰエディターズ・グループの田畑博文さんに「おんぶに抱っこ」でお世話になりました。ここに記して感謝の意を表します。

科学ファンの読者のみなさま、ちょっぴり難しかったかもしれないけれど、面白い話題もあったと思うので、どうかお許しください。また、どこかでお目にかかりましょう！

竹内薫

参考文献

『素粒子論（新装版 現代物理学の基礎 第10巻）』（湯川秀樹、片山泰久、伊藤大介、田中正著　岩波書店）

『物理学最前線2「元物理学」と原幾何学』（大槻義彦編、寺沢英純、福山秀敏、倉本義夫著　共立出版）

『拡がりをもつ素粒子像』（後藤鉄男著　岩波書店）

「Unitary symmetry and elementary particles」Don Bernett Lichtenberg（Academic Press）

「Quarks and Leptons: An Introductory Course in Modern Particle Physics」Francis Halzend, Alan D. Martin（Wiley）

「A First Course in String Theory」Barton Zwiebach（Cambridge University Press）

「Space-time code」David Finkelstein（Physical Review 184:1261-1271（1969））

「THE RISHON MODEL」Haim HARARI and Nathan SEIBERG（Nuclear Physics B204:141-167（1982））

著者略歴

竹内 薫（たけうち・かおる）

サイエンス作家。「科学応援団」として、テレビ、ラジオ、講演などで活躍中。主な出演番組に「たけしのコマ大数学科」（フジテレビ系）、「サイエンスZERO」（NHK Eテレ）など。主な著作に『怖くて眠れなくなる科学』（PHPエディターズ・グループ）、『理系バカと文系バカ』（PHP新書）などがある。

面白くて眠れなくなる素粒子

二〇一三年三月八日　第一版第一刷発行
二〇一四年八月十八日　第一版第二刷発行

著者　竹内薫
発行者　清水卓智
発行所　株式会社ＰＨＰエディターズ・グループ
〒一〇二-〇〇八二　千代田区一番町一六
☎〇三-三二三七-〇六五一
http://www.peg.co.jp/
発売元　株式会社ＰＨＰ研究所
東京本部　〒一〇二-八三三一　千代田区一番町二一
普及一部　☎〇三-三二三九-六二三三
京都本部　〒六〇一-八四一一　京都市南区西九条北ノ内町一一
ＰＨＰ　ＩＮＴＥＲＦＡＣＥ　http://www.php.co.jp/
印刷所
製本所　図書印刷株式会社

ISBN 978-4-569-80967-0